灯光照明设计与多维应用研究

成成　著

吉林出版集团股份有限公司
全国百佳图书出版单位

图书在版编目（CIP）数据

灯光照明设计与多维应用研究 / 成成著. -- 长春：
吉林出版集团股份有限公司, 2023.10
ISBN 978-7-5731-4430-0

Ⅰ.①灯… Ⅱ.①成… Ⅲ.①照明设计 Ⅳ.
①TU113.6

中国版本图书馆CIP数据核字(2023)第204957号

灯光照明设计与多维应用研究

DENGGUANG ZHAOMING SHEJI YU DUOWEI YINGYONG YANJIU

著　　者　成　成
责任编辑　尤　雷
助理编辑　杨　帆
装帧设计　王　哲
开　　本　710 mm× 1000 mm　1/16
印　　张　12.5
字　　数　211千字
版　　次　2024年1月第1版
印　　次　2024年1月第1次印刷
出　　版　吉林出版集团股份有限公司
发　　行　吉林音像出版社有限责任公司
　　　　　（吉林省长春市南关区福祉大路5788号）
电　　话　0431-81629679
印　　刷　廊坊市博林印务有限公司

ISBN 978-7-5731-4430-0　　定　　价　75.00元

如发现印装质量问题，影响阅读，请与出版社联系调换。

前　言

　　在人类的历史长河中，灯光照明一直是人类文明发展不可或缺的一部分。从最早的篝火点燃黑暗中的洞穴，到如今的高科技 LED 照明系统，灯光照明设计始终在我们生活的方方面面扮演着重要角色。灯光照明不仅为我们提供了必要的光明，更成为艺术创作和城市规划中的重要组成部分。灯光照明设计不仅仅是简单的点亮夜晚的手段，而是一门融合了科学、技术、艺术与人文的综合性学科。合理的灯光设计可以为建筑物赋予生命力，让其在夜幕降临后展现出迷人的魅力，创造出独特的氛围和情感；也可以改善人们的视觉体验，提高工作和生活的效率。

　　随着科技的不断进步和社会的发展，灯光照明设计也在不断创新与变革。从传统的白炽灯到节能的荧光灯，再到如今更加环保和高效的 LED 照明，每一次的改进都为我们的生活带来了便利和舒适。同时，智能化的灯光系统也逐渐走入我们的家庭、城市和公共场所，使得我们的生活更加智能便捷。然而，在我们追求科技的同时，也不能忽视灯光照明设计对环境和生态的影响。节能减排、绿色环保成为当前照明设计的重要理念。我们需要思考如何在满足需求的同时，更加注重资源的合理利用和生态的保护。

　　本书首先从光的构成原理、光在艺术中的作用、色光效果设计以及照明术语等方面进行了阐述，其次深入剖析了照明设计的原理与程序，接着突出实践性，探究了室内、室外照明设计的应用，最后研究了旅游基地的灯光照明设计应用以及乡村景观照明设计与旅游发展。全书结构严谨，内容翔实，通俗易懂，力求为相关读者扩充知识，拓展知识面与视野。本书的研究结果可为灯光设计师、建筑师、艺术家和相关领域的专业人士提供宝贵的参考和启发，促进灯光照明设计领域的发展和创新。

　　本书在写作过程中，得到了许多专家和学者的帮助和指导，在此表示诚挚的谢意。由于笔者水平有限，加之时间仓促，书中难免存在疏漏之处，恳请读者提供宝贵意见，以便作者进一步修改，使之更加完善。

目　录

第一章　灯光照明设计的基本知识

第一节　光的概念及构成原理

一、光的概念理解

光是以电磁波的形式进行传播的，也称为光波；一般情况下，光的传播路线是直线形式，称为光线。电磁波在作用于人的肉眼时，能够引起人的视觉，是为可见光。不同波长的可见光会引起人的不同色觉感受，依次呈现为紫、蓝、青、绿、黄、橙、红。红外光与紫外光是人的肉眼所看不到的，展示照明研究的是可见光。

（一）光与色、色温、显色性

色温是表示光的色彩指数的计算单位。我们的生活环境和工作节奏因不断变化的自然光源而起着微妙的变化。[①] 举例来说，色温高的白昼阳光使我们变得活跃好动，而傍晚时低色温的晚霞又使我们产生了宁静的情绪和想要休息的感觉。

光与色的基本概念如下：

（1）色相：红、黄、蓝等的有彩色所具有的属性。

（2）彩度：颜色的鲜艳程度。

（3）明度：颜色的明亮程度。

（4）色表：观察光源本身时所得到的颜色印象。

（5）色温：描述光源的色表。黑体是特殊形式的热辐射体，用普朗克定

---

① 林家阳．展示照明设计 [M]．北京：中国轻工业出版社，2014：23．

律可以计算出它在各种温度时的光谱辐射分布。光源与黑体颜色相同时，该黑体的温度就称为光源的色温。黑体在 800 ~ 900 K 温度时的颜色为红色，3000 K 时为黄白色，5000 K 时白色，在 8000 ~ 10000 K 之间时为青蓝色。

（6）显色性：光源显现物体颜色的特性，它以显色指数 CRI 表示，CRI 的最大值为 1000 值越高，表示光源的显色性能越好，所照物体颜色表现得就越逼真。

天然光是判定人工光线色相的标准，自然光拥有连续的光谱，虽然它的色调从早到晚都在变化，并且在有日光时被加强，但人们还是熟知这一变化规律。因此，当一块白色的墙面发生物理变化时，它显现的依然是白色。在荧光灯照射的环境中，人们观察到的光线与其影响到的物体和空间界面所反映的颜色是由水银电弧与附着在灯管内壁的磷粉之间的关系决定的，水银能激活碟粉并使之发光。基于以上原理，荧光灯的色彩还原能力各不相同。以往，节能效果最好的灯具其显色能力总是最差的，但是现在荧光磷灯和金属卤化物灯在显色性能方面的改善使得高显色性的灯具朝着更加节能的方向不断发展。

国际照明委员会（CIE）将灯具的显色性分为 5 个组，这里标出了他们与显色指数（CR）的关系：

1A	准确的色彩匹配	CRI 90 ~ 100
1B	良好的显色性	CRI 80 ~ 892
2	一般的显色性	CRI 60 ~ 79
3	微弱的显色性	CRI 40 ~ 59
4	差的显色性	CRI 20 ~ 39

1A 类：除了钨丝灯及卤钨灯外，很少有其他种类的光源能达到这一标准。仅有某些专业荧光灯和金卤灯可以达到这项标准（专用于绘画作品检测的光源）。

1B 类：三基色荧光灯属于这一等级，它适用于商业及工胃业照明等色彩要求比较严格的场所。另外，紧凑型荧光灯、某些金卤灯和白 SON 灯也属于这一范畴。

2 类：该类光源用于显色性不太重要的场所，如某些商业场所，包括普通荧光灯和金卤灯。

3 类：该类光源的种类很多，它的显色性能很差，包括高压汞灯和钠灯。

4 类：在显色性不太重要的地方，标准的高压汞灯和低压钠灯还是令人满意的。

（二）光的量度

人的视觉可以在相当宽泛的照明条件下观察到光的强弱、范围、颜色等，但却无法通过"看"来量化光。

通常我们所说的"亮"或"暗"都只是人的主观感觉，并不是准确的概念，而且这种感觉是相对的。例如，在漆黑的屋子里，手机屏幕的光很亮，但在太阳光下，手机屏幕几乎是黑的。因此，人的亮度标准是一种基于环境光照条件下的对比，是一种相对的评估。

科学家们借助一些外界条件，规定出光量化的四个关键概念——光通量、照度、发光强度和亮度。

1. 光通量

光通量是指光源在单位时间内发出的光的总量。它是根据人眼对光的感觉来评价的。例如，一个 200 W（"W"是电功率的单位符号）的白炽灯比 100 W 的白炽灯要亮得多，也就是说发出光的总量多。

光通量的符号为 Φ，单位为流明[①]（lm）。

在照明工程中，光通量是用来衡量光源发光能力的基本量相同电功率的光源在同一时间内消耗的电能是相等的，但其辐射出的光通量却相差甚远。例如，一只 40 W 的白炽灯发射的光通量为 350 lm，而一只 40 W 的荧光灯发射的光通量为 2100 lm。

电光源所发出的光通量（Φ）与其消耗的电功率（P）的比值称为该电光源的发光效率（η），即

$$\eta = \Phi/P$$

发光效率（简称光效）的单位为流明／瓦（lm/W）。由公式可知，每瓦电力所发出的量越高，光源的效率越高。

[①] 在国际单位制中，流明是一个导出单位，1 1 m 是发光强度为 1 cd（坎德拉，又称烛光，1 cd 相当于 1 只普通蜡烛的发光强度）的均匀点光源在 1 sr（立体角，半径为 1 m 的圆球上 1 m^2 球冠所对应的球锥所代表的角度，其对应界面的圆心角约为 65°）内发出的光通量。

2. 照度

照度即光照强度，是指投射在物体表面单位面积上的光通量，其符号为 E，单位为 lx（勒克斯，1 勒克斯是 1 流明的光通量均匀照射在 1 平方米面积上所产生的照度）或 fc（英尺烛光，1 英尺烛光是 1 流明的光通量均匀照射在 1 平方英尺面积上所产生的照度），两者的换算关系为 1 fc = 10.76 lx。

其公式为

$$E = \Phi / A$$

式中：Φ 表示受照面所受的光通量（lm）；A 表示受照面的面积（m²）。

3. 发光强度

发光强度简称光强，是指光源在指定方向单位立体角内发出的光通量。其符号为 I，单位为坎德拉（cd）。其公式为

$$I_\theta = \Phi / \omega$$

式中：I_θ 表示在 θ 方向上的光强（cd）；Φ 表示球面所接受的光通量（lm）；ω 表示球面所对应的立体角（sr）。

通俗地说，发光强度就是光源所发出的光的强弱程度。光强是光源本身特有的属性，仅与方向有关，与光源的距离无关，常用于说明光源发出的光通量在空间各方向或在选定方向上的分布密度。例如，一只 40 W 的白炽灯发出 350 lm 光通量，它的平均光强为 $350/4\pi = 28$ cd。

4. 亮度

亮度是用来表示物体表面发光（或反光）强弱的物理量，即发光体（或反光体）在视线方向单位投影面积上的发光（或反光）强度。亮度用符号 L 表示，单位为坎德拉每平方米（cd/m²）。

亮度与人的视觉能力有一定的关系，在光源确定的情况下，发光体或反光体的透光效果（或反光效果）决定了其亮度。例如，在同一光源下，并排放置一个黑色物体和一个白色物体，两物体的照度相同，但是由于白色物体反光效果好，所以看起来更亮。因此，在室内照明设计中，要充分考虑环境中各界面及物体的色彩特性，有针对性地进行灯光的组织，以调节总体照明

效果。

（三）光源的考虑

在进行灯光设计时，对光源的考虑，应考虑视野内的亮度分布、室内最亮的亮度、工作面亮度与最暗面亮度之比，同时要考虑主体物与背景之间的亮度与色度比。光的方向性和扩散性，一般需要有明显的阴影和光泽面的光亮场合，选择有指示性的光源，为了得到无阴影的照明应该选择有扩散性的光源。避免眩光，光源的亮度不要过高，增大视线和光源之间的角度，提高光源周围的亮度，避免反射眩光。

良好的照明，适宜的灯光设计能够给人带来完全不同的感受。运用不同光源的特性，可以营造更富有感染力的空间环境。如卧室适合用柔和光线，书房要用比较亮的光；而玄关的灯光不能太暗，它可以使一个小房间显得开阔等。人们可以利用光源设计知识布置自己心目中装载幸福的家居，使家更舒适安全和温暖。

（四）光的性质

光的性质包括两个方面：一是光的电磁属性；二是光的物理属性。

1. 光的电磁属性

光是人类眼睛可以看见的一种电磁波，也称可见光谱。通常情况下，光总是以光源为中心，以电磁波的形式沿直线向四周传播，光的这种传播方式和过程称为辐射。光的传播无论有无介质都会发生。

电磁波的波长范围极其广阔，人类可见的光只是电磁波谱中的一小部分，波长范围为 380 ~ 780 nm。可见光的波长差异，会引起人的不同色觉。例如，我们看到的太阳光为白色，实际上我们只是看到了太阳所发出的波长为 380 ~ 780 nm 范围内的光，以及这些光混合后的颜色。如果把太阳光进行分解，就可以看到其不同波段所呈现出来的不同色彩，按波长从 380 ~ 780 nm 依次表现为紫、蓝、青、绿、黄、橙、红 7 种颜色。

2. 光的物理属性

自然界的万物都在光的作用下呈现，而光的物理属性由被照物体的特性表现出来。光照射在物体上可产生反射、折射、透射和吸收等现象（图 1-1）。

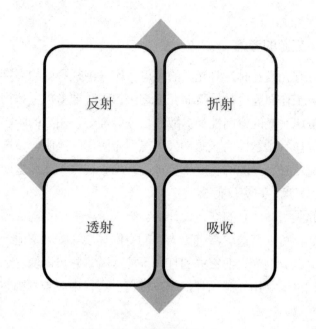

图 1-1　光的物理属性

（1）反射。

反射是光在两种物质分界面上改变传播方向又返回原来物质中的现象。反射主要有镜面反射和漫反射两种情况。

镜面反射：平行光线射到光滑表面（如抛光的大理石或镜子等）上时，光线会平行地向一个方向反射出来。镜面反射的光线集中，容易使人感到刺眼。

漫反射：平行光线射到粗糙的表面（如石膏或墙纸等）上时，光线向各个方向反射出去。漫反射的光线没有方向性，在空间中呈发散状，其效果非常柔和。

实际上，大多数材质表面会呈现综合的反射特性。了解光在不同材质上的反射效果，有助于灯光设计师对空间照明进行更为合理的布局

（2）折射。

折射是光从一种透明介质斜射入另一种透明介质时，传播方向发生变化的现象。例如，把一支铅笔放进有水的玻璃杯里，从外面看起来铅笔歪了，这就是光折射造成的。当光线穿过玻璃棱镜时，白光会因折射而分成 7 种颜色的光，这是因为长波长的光（红光）的弯曲程度要小于短波长的光（紫光）。生活中，雨后初晴时人们看到的彩虹就是光在大气层中的折射现象。折射还会使观察的景象变形，例如，在规则的条纹图前面放上几只盛水的杯子，条

纹就会变形。

（3）透射。

透射是入射光经过折射穿过物体的光学现象。被透射的物体称为透明体或半透明体，如玻璃、滤色片等。

（4）吸收。

吸收是前面几个光的物理属性都会产生的现象。当光线通过任何一种介质时，一部分被反射，一部分被透射，还有一部分则被吸收。通常，颜色深的表面比颜色浅的表面吸收更多的光。

二、光与人的视觉

人的眼睛从感受光开始产生视觉，视觉是人的眼睛和大脑共同作用的结果。随着周围环境亮度的变化，人眼通过调节（放大或缩小）瞳孔和虹膜上的开口来控制进入光线的数量。光线映射在视网膜上形成影像，视神经将这些影像信息传递到大脑，通过脑的分析和译码，最终成为人眼中所看到的图像，这就是人形成视觉的过程。

可以说，光的存在是我们认识世界的基础，也是改变我们对世界认识的条件之一。当我们身处一种环境之中，光线的变化会使我们看到的空间、物体、色彩等随之发生变化，其中不仅是直观效果的变化，同时也有感觉的变化。

人的视觉依赖于光，因此，只有充分了解人的视觉才有可能创造出良好的光环境。

（一）视觉相关概念

1. 视野

视野是指当人的眼睛注视前方时所能看到的范围。其中，头部和眼球不动所能看到的为静视野，头部和眼球转动所能看到的是动视野。视野的大小不但与人眼结构有关，还与环境亮度等客观因素有关。例如，在同一个房间，明亮的光照会让人感到视野更加开阔。

2. 视觉速度

视觉速度是指从观察对象的出现到它形成视觉所需时间的倒数。视觉速度受目标物大小、亮度对比、环境亮度与背景亮度等因素影响。一般来说，良好的照明条件可以缩短形成视觉所需的时间，即提高视觉速度，从而提高工作效率。

3. 视觉阈限

视觉阈限是指能引起人眼光觉的最低限度的光通量，通常用亮度来度量，所以又称亮度阈限。视觉阈限受目标物大小、颜色及观察时间的影响。例如，人在观察物体时，由物体两端（上、下或左、右）引出的光线在人眼眼球内交叉所形成的角称为视角。显然，物体越小，距离越远，视角越小；反之，物体越大，距离越近，视角越大。相应地，视角越大，亮度阈限越低；视角越小，亮度阈限越高。当视角超过30°时，视觉阈限不再降低。此外，在相同视角下，波长较长的光（红光、黄光）的亮度阈限较高；波长较短的光（蓝光）的亮度阈限较低。

（二）与亮度相关的视觉现象

1. 明视觉、暗视觉与中介视觉

明视觉是指在明亮环境（亮度超过 3 cd/m^2）中，主要由视网膜的锥体细胞起作用的视觉。明视觉能够辨认很小的细节，此时人眼具有颜色感觉，而且对外界亮度变化的适应能力强。

暗视觉是指在黑暗环境（亮度低于 10^{-3} cd/m^2）中，主要由视网膜的杆体细胞起作用的视觉。暗视觉只有明暗感觉而无颜色感觉，也无法分辨所视物体的细节，对外界亮度变化的适应能力弱。

界于明视觉与暗视觉之间的视觉称中介视觉，此时视网膜的杆体细胞和椎体细胞同时起作用。

2. 明适应与暗适应

随着环境亮度变化，人眼感受性也随之变化，这种现象称为人眼的适应：从明视觉进入暗视觉称为暗适应；从暗视觉进入明视觉称为明适应。为了满足人眼的适应性，提高照明质量，需要对视场明暗转换处的照明进行妥善处理。例如，在隧道入口处设一些过渡照明，以保证人们有充足的时间适应隧道的暗环境（暗适应）；在出隧道时，由于人的明适应所需时间很短（一般 1 s 以内），故在隧道出口处一般不做特殊照明处理

在室内照明设计时，也应充分考虑人的明适应和暗适应现象，加强过渡空间和过渡照明的设计以利于视觉适应，确保人的视觉达到健康舒适的程度。

3. 眩光

眩光是指当外界出现极高的亮度或存在强烈的亮度对比时，人眼的视觉会降低并产生不舒适甚至痛感的现象。例如，晴天时，我们看向太阳就一定会产生眩光现象。

室内照明环境眩光的情况有很多，如光源表面或灯具反射面的亮度过高，就会产生眩光。此外，光源距离视线越近，光源面积越大，光源数目越多，眩光越显著。因此，在具体的室内照明设计时，应充分考虑以上情况，使室内照明环境舒适宜人。

三、光的构成原理

（一）色光混合三定律

人的眼睛不仅能对单色光产生一种色觉，还能对混合光也可以产生同样的色觉。例如，520 nm 的单色光刺激人眼产生绿色觉，将 510 nm 与 530 nm 的单色光混合刺激人眼也可以产生绿色觉；又如，580 nm 的单色光刺激人眼产生黄色觉，将 700 nm 的红光与 510 nm 的绿光混合刺激人眼也可以产生黄色觉，而且人眼感觉不出这两者之间有什么差别。

光谱中色光混合是一种加色混合，用 3 种原色光：红（R）、绿（G）、蓝（B）、按一定比例混合可以得到白色光或光谱上任意一种光。格拉斯曼将色光混合现象归纳为三条定律：补光律、中间色律、代替律。

补色律——每一种色光都有另一种同它相混合而产生白色的色光，这两种色光称为互补色光。例如，蓝光和黄光混合，绿光与紫光混合，红光与青光混合都能产生白光。

中间色律——两种非补色光混合则不能产生白光，其混合的结果是介乎两者之间的中间色光。例如，红光与绿光，按混合的比例不同，可混合到介乎两者之间的橙、黄、黄橙等色光。

代替律——看起来相同的颜色却可以由不同的光谱组成。只要感觉上是相似的颜色，都可以相互代替。例如，颜色光 A ＝色光 B，色光 C ＝色光 D，则 A+C ＝ B+D；又如，A+B ＝ C，而 X+Y ＝ B，则 A+（X+Y）＝ C，如 A（黄光）＝ B（红光 + 绿光），C（青光）＝ D（蓝光 + 绿光），A（黄光）+C（青光）＝ B（红光 + 绿光）+D（蓝光 + 绿光），其结果是 A（黄光）+C（青光）＝淡绿光，B（红光 + 绿光）+D（蓝光 + 绿光）＝红光 + 绿光 + 蓝光 +

绿光＝白光＋绿光＝淡绿光。这就是代替律，它在色彩光学上是一条非常重要的定律，现代色度学就是以此为理论基础而建立的。色光混合定律属于加色混合，它与染料、颜料的混合相反，后者为减色混合，其混合的规律也完全相反。这对于美术专业的人士来说十分重要，因为色光的混合与颜料的混合是完全不同的，它们所遵从的规律是相反的。

（二）三原色光混合

色彩物理理论中的加色法混合理论证明，红、绿、蓝三原色光等量混合时产生白光；红光与绿光等量混合产生黄光；红光与蓝光等量混合产生品红；绿光与蓝光等量混合产生青光。如果用字母 R、G、B、Y、M、C、W 分别代表红、绿、蓝、黄、品、青、白，则可以由下式得出混合结果：绿光（2G）＋红光（2R）→黄光（Y）红光（2R）＋蓝光（2B）→品红光（M）蓝光（2B）＋绿光（2G）→青光（C）红光（2R）＋绿光（2G）＋蓝光（2B）→白光（W）。如果三原色光以二比一的比例混合，其结果如下：红光（2R）＋绿光（1G）→橙色红光（1R）＋绿光（2G）→黄绿红光（2R）＋蓝光（1B）→曙红红光（1R）＋蓝光（2B）→紫红绿光（2G）＋蓝光（1B）→翠绿绿光（1G）＋蓝光（2B）→天蓝。

因为黄、品、青分别为红、绿、蓝色光的间色，因此也可表示为：$2R+Y=2R+（2R+2G）=4R+2G→2R+G$（橙）$2G+Y=2G+（2R+2G）=4G+2R→2G+R$（黄绿）$2R+M=2R+（2B+2R）=4R+2B→2R+B$（曙红）$2B+M=2B+（2B+2R）=4B+2R→2B+R$（紫红）$2G+C=2G+（2B+2G）=4G+2B→2G+B$（翠绿）$2B+C=2B+（2B+2G）=4B+2G→2B+G$（天蓝）。

凡通过等边三角形中心点相对的两色互为补色关系，其混合的结果如下：蓝光（2B）＋黄光（2G+2R）$=2B+2G+2R→$白光天蓝（2B+G）＋橙光（R+G）$=2B+2G+2R→$白光青光（2B+2G）＋红光（2R）$=2B+2G+2R→$白光翠绿（2G+B）曙红（2R+B）$=2B+2G+2R→$白光绿光（2G）＋品红（2B+2R）$=2B+2G+2R→$白光黄绿（2G+R）＋紫红（2B+R）$=2B+2G+2R→$白光。

（三）光与色

人类是在自然状态下进化的，因此我们本能地相信在昼光下所看到的物体的颜色。而人工光源所产生的颜色虽然已经大大得到改善而没有早期电灯所产生的失真，我们仍然相信在"光线"下的颜色。[①]这里所说的光线是指自然光。自然光是颜色的参照物，因为所有其他形式的光线都或多或少地改变了所看到的颜色。在昼光下看到的颜色被认为是真正的颜色。

照明工程师与设计师在设计室内照明时，要想圆满地解决可能出现的各种问题，就需要对色彩及其在室内的作用有基本的了解。

1. 红色

红色不从属于任何其他颜色。红色能迅速地将人们的注意力从其他颜色上转移过来，并给人以最强烈的刺激。当与其他颜色并列时，它看上去总比其他颜色（如绿色和蓝色）更接近我们的眼睛。红色代表活力和力量，它象征着爱，并可以传递出最多的人类情感。深红色代表高贵和强烈的庄重感，鲜红色代表颠覆和推翻。红色越浅，其刺激感就越被温暖和欢乐的感觉所替代。特别浅的红色（粉红色），就象征着轻松、欢乐和青春。

2. 蓝色

蓝色是天空的颜色。蓝色越深，就越超乎自然：蓝黑色代表压倒一切的宇宙悲恸。对我们来说，蓝色也是一种谜一样的颜色。它看上去总是那么冷漠，让人镇静，但它也会传递出肃穆、冰冷和怀旧的感觉，带着些忧伤的基调。蓝色在画面上弄了个洞——有位画家曾这样说——这是因为蓝色看上去总是很靠后。深蓝色也很冰冷，但会给人以愉悦、平和、安宁的感觉，因为它总是表现得很顺从。青色将蓝色的沉寂、怀念与绿色的和平、青春融合在一起，少了一份怀旧的感觉，但多了一份抚慰人心的感觉。

3. 绿色

绿色，特别是被称为"嫩绿"的新鲜绿色，代表春天和青春。深绿色就失去了这种象征意义。绿色也象征着健康、完满的生命。但一般来说，橙色代表较高层次的精神生命，绿色代表苗壮、健康的肉体生命。绿色是所有颜色中最平和的，因此它甚至可以缓和色彩的对立。绿色能够引人注目，让人感到满足和鼓舞。如果绿色混合了黄色，就会变得更加年轻、活跃、富有生机；如果混合了褐色，就会产生完全不同的效果，变得更加深沉、严肃。

---

① 马丽. 环境照明设计［M］. 上海：上海人民美术出版社，2013：75.

4. 紫色

紫色是所有颜色中最引人注目的，它既不属于冷色也不属于暖色，而且紫色本身带有一些神秘感，会让某些人感觉压抑，并由此引发不适感。紫色适合那些想要展现深沉、神秘，甚至些许古怪的人。紫色的阴影会给人留下深刻的印象，甚至使人感动。对于非常敏感的人而言，紫色会让他们产生几乎麻木的感觉，这样的人最好

由蓝色占主要地位的紫色更趋于轻灵（深蓝色）。加入了少量红色的紫红色，如果越亮，就越柔和，并散发出优雅、精致、娇柔的感觉。深紫红色就更加有威严，是代表教会威严的颜色。较浅的紫色（淡紫色）与白色和柠檬黄组合在一起，会营造出非常敏感、娇柔的效果。

5. 黄色

黄色有强烈的刺激效果，但它不会像红色那样令人兴奋。纯粹的黄色是色环中最明亮的颜色，象征丰沃、祝福、充裕和——如果上升到金色的层面，就代表力量、荣誉、权威。黄色越亮，视觉效果上越靠前。黄色如果被分隔开，就会显得更有力。但是如果黄色变暗，就失去了代表欢乐或权威的寓意。黄色越亮，就越优雅、越轻盈、越精致、越高贵，看上去也更加含蓄。

6. 品红

品红不属于自然色，因此它是超自然、理想化的。在观察世界时，我们不仅要看到表面，还看到了事物之间的彼此联系。我们试图找出这个表面下隐藏的是什么，万物是如何组合在一起的——这里，我们探究的是秩序和公平的法则。品红既象征着反常，也能代表特殊，它甚至能寓意对权力的不适当主张。

7. 褐色

褐色是浓厚的，它是大地的颜色，在所有颜色中显得最真实。褐色不能与高贵和优雅联系在一起，但它是强而有力的，象征健康、可靠和土地。当褐色与其他颜色混合时，这种典型特性就被改变了。当褐色与红色或紫色混合时，就能表现大地上的阳光。紫褐色是一种极富魅力的颜色，能让人联想到魔幻和神秘。

8. 金色

金色是单调且缺乏感情的，但极高的密度和华丽的光泽度赋予它一种欢

乐、庄严的品质。像太阳一样，金色能表现最强大的精神生命力。它也能象征权力和尊严：主人越富有、强大，其室内装饰中使用的金色也就越多（如举行加冕礼的教堂、皇宫、皇室会所）。

9. 银色

像金色一样，银色也是单调的、没有感情的，但它的光泽却与金色大不相同。像灰色一样，涂上银色可以让物体感觉更加低调。银色不像金色那样夺目，它不会让人目眩，却能慢慢吸引人们的注意。有人说，银色是"金属的光泽"，因此很多人认为它比金色更加高贵。金色让人感觉温暖，而银色总是看上去很冰冷。

10. 黑色

黑色等同于彻底的黑暗，常常被作为素材。黑色是严肃、消极和黑暗的，往往寓意悲恸。它同时也是封闭、庄严的。黑色与白色并置，会带来最强烈的对比。

11. 白色

白色超越了正义与邪恶，它也不具备彩色的性质。与白色形成最强烈对比的是黑色——黑白对比的绝对性很容易理解——当黑色表现悲恸时，白色则传递出欢乐。对我们来说，白色象征纯洁、无瑕。在表现简洁而有力的感觉时，黑与白的对比是最佳选择。

12. 灰色

灰色是阴暗的基色，它往往象征优柔寡断。灰色是中性的、沉闷的，它既不属于暖色也不属于冷色。它是一种背景色、合成色。灰色能起到平衡、中和的作用，因而能够缓和过度强烈的色彩对比或者将对比色和谐地糅合在一起。灰色就像音乐中的休止符。

（四）光源的色彩特性

1. 色表

光源的色表是指光源的表观颜色，通常用色温或相关色温来表示。当某一光源的色度与某温度下的完全辐射体（黑体）[①]的色度相同时，完全辐射体（黑体）的温度（绝对温度）即为该光源的色温，如白炽灯就非常接近于一个黑体辐射体。但大部分放电光源（如荧光灯）发射的光的颜色与黑体在各种温度下所发射的光的颜色都不完全相同，只有类似的颜色，所以当光源所发射的光的颜色与黑体在某一温度下发射的光的颜色最接近时，黑体的温度就是该光源的相关色温。色温用符号 Tc 表示，单位是开尔文（K）。低色温光源发红色、黄色光，高色温光源发白色、蓝色光（表 1-1）。[②]

表 1-1 色温与光的颜色的关系

黑体辐射温度 /K	光谱功率辐射颜色	备注
800 ~ 900	红色	
3000	黄白色	比白炽灯色温高，比卤钨灯色温低
5000	白色	气体放电灯
8000 ~ 10000	淡蓝色	

光源的色温不同，给人的感觉也不同，如红色光和橙色光让人联想到火，白色光和蓝色光让人联想到水。国际照明委员会（CIE）把灯的色表分成三类（表 1-2）[③]，其中第一类暖色调适用于居住类场所；第二类在工作场所中应用最为广泛；第三类冷色调适用于高照度场所、特殊作业或温暖气候条件的场所。

表 1-2 光源色表分类

色表分类	色表特征	相关色温 /K	适用场所
I	暖	< 3300	客房、卧室、病房、酒吧、餐厅
II	中间	3300 ~ 5300	办公室、教室、阅览室、诊室、检查室、机加工车间、仪表车间
III	冷	> 5300	热加工车间、高照度场所

① 黑体是科学家们定义的一个理想物体，作为热辐射研究的标准物体。它能够吸收外来的全部电磁辐射，并且不会有任何的反射与透射。

② 鲍亚飞，熊杰，赵学凯. 室内照明设计 [M]. 镇江：江苏大学出版社，2018：16.

③ 鲍亚飞，熊杰，赵学凯. 室内照明设计 [M]. 镇江：江苏大学出版社，2018：17.

2. 显色性

显色性是指光源对物体本身颜色呈现的程度，也就是颜色逼真的程度显色性高的光源对颜色的呈现较好，我们所看到的物体的颜色也就越接近物体本身的颜色，显色性低的光源对颜色再现较差，我们所看到的物体的颜色偏差也较大。

显色性用显色指数（CRI 或如）表示。CIE 把太阳的显色指数定为 100，各类光源的显色指数各不相同，显色指数越接近 100，显色性就越好。不同显色指数光源照射下的物体，其所呈现出来的效果也各不相同。

第二节　光的艺术作用与魅力

色从光来，光变色变，没有光便没有视觉形象艺术。光是一种能量的物理存在形式。通常指照在物体上，使人的视觉能够看见物体的那种物质。光是一切视觉现象发生与存在的基础，光的照明可以创造、改变、美化空间，没有光我们将无法认识自然界的各种美。

一、光的艺术作用

阳光、月光、星光和火光伴随着原始人的生活，旭日与夕阳交替，白昼和黑夜循环，原始人在光的沐浴下生成发育繁衍。火的发明使用，使人类进入了新的文明阶段，火不仅用来照明、取暖、烧烤食物，到了晚间，原始人围着火堆，举起火把狂欢舞蹈，一堆堆火光映红了一张张欢乐而喜悦的脸，一串串舞动的火把形成火蛇巨龙，这就是人类早期的用光构成的原始光艺术雏形。

大自然的所有韵律几乎都是由太阳光源产生的变化而形成，这就是自然光。自然光对我们人类的日常生活和感情有着巨大的影响。清晨，它以东升的曙光呼唤我们从睡梦中醒来：白天，明亮的阳光带给我们兴奋昂扬的工作活动情绪；晚上，日落霞光为我们带来静宜安宁的气氛。即使是在今天的高度文明社会，人类的这种基本生理节奏仍然存在且永远保持不变。

有光才有气氛情调。宇宙在 150 亿年前还是个沉默的黑暗世界。在某一时刻，黑暗被划破，光亮出现了，这就是所谓的宇宙大爆炸，于是在什么也看不到的黑暗中就出现了星星的璀璨。如果这是事实,就可以说黑暗产生了光,黑暗是所有生命的诞生之源。

人类最初看到的光,无疑是以太阳、星星和月亮为代表的自然光。我们人类在这种自然光的恩惠中,与光共同生存、进化。于是,无论对谁,问他光是什么,这似乎都不成问题,但是,问及他对光的接触和感受,恐怕就无从谈起了。所以,对光这一实在的物体进行正确的说明将是一个非常复杂的难题。其结果是,对已获得的物体尚不能深入了解的古代人,就很容易把光等这些东西赋予神的色彩。

古代人们所崇拜的宗教,多视光为正道,为天堂、希望角度和光通量的变化。自然光虽然能给人带来大自然的等的象征;相反,则视黑暗为不幸和死亡的象征。

在展示照明中,可以将光分为两大类,即自然光照明与人造光照明。自然光源是以太阳为光源所形成的光环境。自然光照明因光源(太阳)的相对运动,会有照明角度和光通量的变化。自然光虽然能给人带来大自然的温暖与气息,但由于自然光源随时间的不同而变化,会改变空间环境的视觉效果;又由于自然光源很容易产生眩光,会严重影响展示效果,因此对展示照明来说,很少全部采用自然光源。

二、光的艺术魅力

光是一切视觉现象发生与存在的基础,客观物质世界的一切物体能够被人的视觉感受,靠的是光的作用。屏幕画面上的影像的形状、轮廓、结构、色彩、明暗、情调等,均受光的作用和影响。光的照明可以创造、改变、美化空间。

照明的作用对人的视觉功能的发挥极为重要,因为没有光就没有明暗和色彩感觉,也看不到一切。照明不仅是人感知物体形状、空间、色彩的生理的需要,而且是美化环境必不可少的物质条件。

照明可以构成空间,又能改变空间;既能美化空间,又能破坏空间。不同的照明不仅照亮了各种空间,还能营造不同的空间意境情调和气氛。同样的空间,如果采用不同的照明方式,不同的位置、角度方向,不同的灯具造型,不同的光照强度和色彩,就可以获得多种多样的视觉空间效应:如有时明亮宽敞,有时晦暗压抑;有时温馨舒适,有时烦躁不安;有时喜庆欢快,有时阴森恐怖;有时温暖热情,有时寒冷淡漠;有时富有浪漫情调,有时产生神秘感觉等，照明的魅力可谓变幻莫测。

在光照下，人和物就会产生明暗界面和阴影层次的变化，并在视觉上赋予立体感。如果改变光源的光谱成分、光通量、光线强弱、投射位置和方向，就会产生色调、明暗、浓淡、虚实、轮廓界面的各种变化。这是运用照明艺术渲染环境艺术气氛和烘托人物性格的重要手段。

如果取顶光直射照明，那么人脸就会给人以冷漠、严肃、阴森的感觉；如果取斜上方半侧光照明，人脸就会轮廓分明，给人以性格外向、精明能干的感觉；如果取多光源散光照明，那么，给人以性格随和、心情愉快的感觉；如果取向上直射照明，人脸就会给人以恐怖、凶残、愤怒的感觉。

光雕是现代造型艺术的新形式，有艺术家利用玻璃、冰块、透明塑料等透光材料制成各种造型和灯具，光线从内部或外部照射，通过投射光的透射、折射、反射等物理特性的充分发挥，构成光辉灿烂的立体艺术，也有利用小型彩色灯泡、灯珠、霓虹灯、光导纤维等灯具材料，直接构成五彩缤纷的灯光图案画面。

由灯光和音乐互相配合而创造的综合艺术在现代表演艺术和环境艺术中十分流行，如现代摇滚歌星表演时，利用灯光照明的明暗、色彩、强度，使整个舞台颜色瞬息万变，从而使歌迷们陶醉于一种快节奏梦幻般的超现实世界。又如，灯光和音乐配合用于音乐喷泉、露天广场、歌舞厅、溜冰场以及商业建筑等环境艺术气氛的渲染，设计师运用计算机控制灯光和音乐编制的程序，使音乐的节奏同步配合灯光的强弱和摇曳，从而获得声光、色的综合艺术效果。

第三节　光的形式与色光效果设计

一、采光的基本形式

照明方式在光通量分布上的差异取决于灯具自身的光通量分布特性。按照光通量分布的差异，照明方式可分为直接照明、半直接照明、半间接照明、间接照明和漫射照明五种（图1-2）。

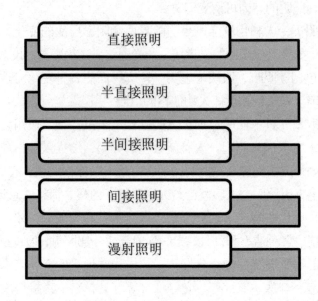

图 1-2　采光的基本形式

（一）直接照明

灯具发射光通量的 90% 以上直接投射到工作面上的照明方式称为直接照明。从光的利用率来看，直接照明方式的利用率较高，能源浪费最少。直接照明方式主要是通过直接型照明灯具实现的直接型照明灯具因光束角宽窄的差异，又分为窄照型、中照型和宽照型三种，这种差异直接影响了灯具的光效。下面以窄照型和宽照型为例，分别介绍两者的光照差别和适用范围。

1. 窄照型

窄照型直接照明灯具的光束角小，发射出来的光线非常集中，具有照度高、照明目标性强等特点。窄照型直接照明灯具适用于重点照明和高顶棚的远距离照明，如博物馆、展览馆的展品照明，餐饮空间、娱乐空间的装饰小品照明等。

2. 宽照型

宽照型直接照明灯具的光束角相对宽广，光线具有扩散性，在灯距适当的情况下，可为空间提供均匀的照度，因此，可作为室内空间的一般照明灯具。宽照型直接照明灯具不适合在高顶棚的空间使用，会因光的散失而造成能源浪费。

（二）半直接照明

半直接照明方式是采用半透明灯罩遮盖光源上部，使60% ~ 90%的光直接向下照射，作为工作照明，其余10% ~ 40%的光通过灯罩扩散向上漫射，形成柔和的环境光。不同透光度和不同形式的遮光罩产生的光效会有所差异。

由于半直接照明向上漫射的光线能照亮顶棚，使房间顶部高度增加，产生较高的空间感，故常用于较低空间的一般照明。

（三）半间接照明

半间接照明方式是把半透明的灯罩装在光源下部，使60%以上的光线射向上部以形成间接光源，其余10% ~ 40%的光线经灯罩向下扩散。该照明方式的光线具有明确的投射方向，以突出需要强调的区域，因此其装饰作用大于功能作用。

（四）间接照明

间接照明方式是遮蔽光源下部而产生间接光的照明方式，其90% ~ 100%的光线通过顶棚或墙面的反射照亮空间。间接照明通常有两种处理方法，一种是将不透明灯罩装在灯泡的下部，光线射向顶面或其他物体上，再经反射形成间接光线；另一种是把灯泡装在灯槽内，光线从顶面反射到室内形成间接的光线。

通常，间接照明要和其他照明方式配合使用，才能取得特殊的艺术效果。在住宅空间的客厅、商场、服饰店、会议室等场所，间接照明常作为环境照明或用来提高区域的亮度。

（五）漫射照明

漫射照明是利用灯具的折射功能将光线向四周散射的照明方式。其光线柔和、细腻，不会产生光斑和反光，能够营造舒适的照明环境。

在室内照明设计中，发光顶棚和半透明的封闭式灯具均属于漫射照明。在发光顶棚中，光源由滤光材料（如灯箱片、磨砂玻璃）过滤后，失去了方向性，从而产生漫射效果。而采用磨砂玻璃或半透光亚克力等材料制成的灯罩，同样具有滤光作用，灯具内部光源所发出的光线经灯罩的折射、过滤后，均匀、柔和地透射出来，形成舒适的光环境。

二、光色带来的影响

光与色的关系永远是相互依存的。世间万物充斥着缤纷的色彩，刺激着人们的视觉神经，人类的颜色知觉不仅与物体本来的颜色特性有关，还受到光环境的影响。例如，在一个良好光色环境的教室中，学生感到舒适，注意力集中，学习效率高；讲课教师的心情轻松，教学效果好。再如，餐厅的照明设计，如果光色使用不当，就会影响菜肴的外观，从而影响就餐人的心情。

因此，光源的颜色和环境的色彩直接影响人的视觉生理机能和心理状态。

（一）光色对物体色的影响

人眼所看到的每一种物体颜色，都是光照射到物体上，经物体吸收、透射，再反射到人眼而使人感受到的颜色。因此，不同的光色会影响物体所呈现的颜色。

在室内照明设计时，应充分利用光色对物体色的影响，通过调节灯光的颜色，使房间内的墙壁、家具等呈现出不同的表现色，进而营造出不同的气氛。例如，餐厅的黄色灯光营造出温馨、温暖的气氛；阅读区用白光照射，提供了安静、舒适的阅读环境；吧台区用暖白光打造出惬意、浪漫的氛围。

（二）光色对人的影响

光色对人的影响表现在以下三个方面（图1-3）：

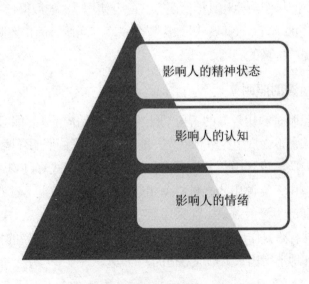

影响人的精神状态

影响人的认知

影响人的情绪

图1-3 光色对人的影响

1．影响人的精神状态

自然光的颜色在一天中并不固定。早晨颜色偏红，越近中午颜色越白越亮，到了傍晚又开始偏红，并逐渐变暗。人体内褪黑素的生物合成就受一日光色变化的制约。早晨随着太阳逐渐升高，外界变得更白更亮的时候，人体内褪黑素减少，使人进入积极活动的状态；当太阳西下，光变为暖色，亮度降低时，人体内褪黑素逐渐增加，人们也开始逐渐进入安静放松的状态。

2．影响人的认知

人眼在同一距离观察不同波长的色彩时，波长长的暖色如红、黄等色，在视网膜上形成内侧映像；波长短的冷色如蓝、紫等色，则在视网膜上形成外侧映像，因此会出现"暖色向前，冷色后退"的错觉。通常对比度强的色彩具有前进感，对比度弱的色彩具有后退感；纯度高的色彩具有前进感，纯度低的颜色具有后退感。

此外，光色还会影响人对空间的认知。例如，人身处暖色的空间中会感觉温暖，而身处冷色调空间中会感觉冷静、凉爽。因此，照明设计师应充分利用光色对人的认知的影响，利用灯光和色彩来改变空间层次感，营造适宜的氛围。

3．影响人的情绪

光色可以改变人的情绪，它既可以激发人的积极情绪，也可以引发人的消极情绪。人的情绪会随着光的亮度、色彩、对比度的变化而产生波动。例如，柔和的光线会使人情绪放松，明亮的光线会使人情绪高涨；暖色空间让人感到温馨，而鲜艳的红色空间会使人神经紧张。

三、色光效果设计

色光可以使投射范围内的所有景物都偏向光源的颜色，它具有营造特定气氛、特定情绪、特定心境、特定趋向等多方面的能力。

特定的颜色可以给人以特定的心理观感，这点对于稍有色彩知识和心理学知识的人都不会陌生。与景物的颜色不同的是，照明布光的光色对画面的影响作用常常是整体性和大气势的，所以其观感的特定效果通常都非常强烈。当然，这在另一方面也限制了色光的布置无法对主体做更细致的处理。

只有夸张的表现手法，才以色光照明作为主体表演的主要布光，除此之外的色光照明，通常都是以模拟自然光照效果为目的。

以下就色调的冷暖感、进退感、胀缩感、沉重感、明度感以及情绪和气氛效应等方面，对色光的运用方案加以说明。

（一）色调的冷暖

冷暖是色调在观感上最明显的心理效应。

一般来讲，色调依从暖到冷的规律可排列如下：红、橙、黄、绿、青、蓝、紫。

当然，同一色系的不同色种相比之下也有冷暖的区别，以下的几种色系依从暖到冷的排列顺序为：

红色系：朱红—大红—西洋红—玫瑰—紫红—深红

黄色系：橘黄—中黄—淡黄—土黄—生黄—梓檬黄

蓝色系：钻蓝—群蓝—普蓝

绿色系：中绿—翠绿—橄榄绿—深绿

棕色系：土红—赭石—熟褐—生褐色

光的冷暖感在形成主体的心境和背景环境的气氛效果非常明显，是戏剧性和夸张性表现手法的惯用方式之一。

在进行背景环境的色光设计时，冷色调的均匀布光用于表现凝重静谧，以主体为中心的局部布光可表现出阴森、恐怖的气氛；而偏暖的画面色调则具有某种明朗舒适、热情、愉悦的气氛效应。

（二）色彩的明度感

在色彩的纯度和光线的亮度相当的条件下，不同的颜色给人的明度感是不一样的。其中以黄色的明度最强，其次是橙色和绿色，红色和蓝色的明度又低一些，明度最低的是紫色。

色彩的明度感效应，要求色光的布置，应遵循如下一些规律：

第一，高明度的色光与低明度的色光在搭配或转换过程当中，如果希望其亮度保持一致，低明度色光的纯度就应低一些、大一些。

第二，日景布光的背景应比主体的色彩明度大。这就要求在希望突出主体的场合当中，避免红、蓝色调的背景，或青、黄色调的主体。在亮环境当中，黄色通常都显得很淡，其视觉感的突出性特征几乎降到了最低。蓝色的背景环境即使亮度再大，也是夜晚的感觉；而红色的背景环境，则给人以夕阳西下、暮色将至的感觉，它很难给人以白天的感觉。与此相反，暗环境当中的黄色，青色主体可以很好地突出于低调背景之上，而给人以深刻的印象。

第三，光色的明暗对比，还可用于画面的构图。早期的电影拍摄，由于明暗对比的宽容度很大，所以常使用硬影调、高反差的布光方案。目前则由于彩色电视的拍摄，要求景场的反差不能过高：多机拍摄、现场剪辑的电视制作方式又要求表演区必须以高光衬底为主要布光形式。

这种平调风格的布光设计，色彩的对比就成了画面构图的主要方式。

对比主要是为了使主体突出。如果布光条件允许，一般都应在主体上打轮廓光。应以黄色或橙黄色光为首选光色，而红、蓝色轮廓光则只适宜暗调画面。

（三）光的语言

从事照明工作的人，在向客户说明有关照明的质与量的问题时，一定要具备表现光的语言素质。汉语中，"闪耀""模糊""辉煌""灿烂"等描述光的词汇举不胜举，然而它们之间的差异往往模糊不清。对之能够正确地使用，且能详细区分和说明的人是很少的。

英语中描绘光的词句相对少一些，然而，这些词汇更容易形象地表达光。例如，刺眼的强光是"glair"，星星闪闪的光是"twinkle"（圣诞节灯饰），虽有光泽面，但不刺眼的柔和光是"luste"，像皮影戏影像轮廓清晰的是"silhouette"（剪影），这些词汇丰富而严谨。

第四节 照明的含义及相关术语

一、照明的基本含义

照明的基本目的是创造良好的可见度和舒适愉快的环境。

在《辞海》中"照明"的含义如下：利用各种光源照亮工作和生活场所或个别物体的措施。

有价值的自然光是白天的昼光，在照明设计中，昼光直接被称为自然光，昼光由天空光和直射光构成。天空光的主要光源是太阳，被悬浮在大气层中的各种尘埃微粒吸收和反射后均匀地照亮天空。相对于均匀的天空光，刺眼的阳光被称为直射光。

建筑的窗户是人与自然光建立亲密关系的重要物质媒介，窗户的设计是自然光照设计的重要载体与核心内容。在一个房间中，究竟一天中有多长时间、多少自然光能通过窗户进入房间，传统上只能凭借建筑师或设计师的经验与直觉，而今，计算机模拟技术可帮助设计师模拟建筑在自然光条件下的照明效果，在模拟的三维空间中，设计师可以通过使用Agi-Llght、DIALux等照明设计软件，精确地控制室内空间进光量与窗户大小、位置、形状之间的比值。

在人工光照明出现之前，建筑师曾对建筑的自然光照明进行深入研究与巧妙的运用，直至电灯的发明，建筑师与照明设计师开始将注意力转向人工照明的研究与运用。

人工照明的发展，可追溯到古代人们利用火堆、火把照明、防寒与御敌，为了延长照明时间并且更为稳定地照亮环境，于是发明了蜡烛。当煤油灯替代了蜡烛，蜡烛逐渐成为居室中的装饰品。为扩大照明范围，人们又发明了弧光灯，以照亮街道与广场。终于在1879年，伟大的发明家爱迪生发明了第一盏有实用价值的电灯，利用电产生的光照明的实用价值才得以最大化。

现代照明理论产生于20世纪50年，当时最为著名的照明设计先驱理查德·凯利受舞台灯光设计的影响，提出以"质量"为主要设计标准的现代照明设计理念，并对照明进行定性研究，总结出环境照明（Ambient Light）、焦点照明（Focal Glow）和戏剧化照明（Play of Brilliance），20年后，照明设计界普遍认同的观点是：照明设计应该以满足人的需求为基本出发点。在视觉心理学研究成果的基础上，综合人的生理和心理特点，人的主观因素成为照明设计结果评估的重要参数。至此，满足人的需求成为照明设计的基本出发点和根本目标，照明设计实质上是平衡质量与数量的关系。

自20世纪60年代以来，发电技术与基础供电设施的迅速发展，由于建筑结构的变化与功能的复杂性加强，大跨度的建筑空间仅依靠自然光无法满足人们的使用需求，如剧场、大型商业空间、办公楼等公共场所，需要补充人工照明才能在日间正常运作。人工照明在日间扮演着与夜间同等重要的角色，从另一方面，这个重要的角色带来极大的负面作用，由于电能的产生主要靠燃烧煤所获得，全世界煤储存量正以每年15%的速度下降，人工照明给人类生活带来便利的同时，正在大量消耗地球能源，进一步加剧环境污染。

目前，所有从事与设计行业相关的人士必需了解的现实情况是：能源危机时代已经来临，减少环境污染，降低能源消耗迫在眉睫。城市是无数个不同功能建筑的集合，而建筑是人类生存的主要空间，城市建筑所消耗的能量占全社会各领域耗能总量的 30%，其中电能约占建筑总能耗的 50%。1996 年在英国环境建筑师协会举行的会议上有人提议：在建筑上使用 40% 的玻璃窗是节约电能的重要方式。通过窗户引入昼光，达到减少人工照明，改善室内光线，节约电能的目的，这只是落实节约电能研究的方法之一。还有许多研究者正致力于如何利用太阳能与风能发电，如何降低灯具耗电量，如何通过窗户保存太阳能，如何通过改变灯具的内部结构提高光通量等。更为紧迫的是，建筑师、室内设计师、照明设计师应该尝试换一种角度思考，反思其过度依赖人工照明进行设计的理念，应注重研究如何提高自然光使用效率，至此，节约能源、降低能耗便不再是一纸空文。总之，进行照明设计时，以自然采光为基础，人工照明为补充，是实现可持续发展目标必经途径之一。

二、照明的相关术语

（一）亮度

照明设计的前提是对光的充分理解。无论是自然光，还是人工光，无论是传统的照明设计，还是智能照明设计，光的"语言"是不变的。为了更好地理解本书后几章的内容，本章将介绍几个光学基本概念以及每个概念在照明设计中的意义。这些基本概念是做照明设计的必备知识，会在本书后面的内容中反复出现。

亮度（luminance，单位为坎德拉每平方米，即 cd/m^2）是表征发光面或反光面发光强弱的物理量。通俗地说，亮度是人在看到光源时，眼睛对光的强度的感受。所以，它是一个主观的量，也是唯一由眼睛感知的基础照明参数。人们通常在表达自己对一个房间照明情况的直接感受时会说"这个房间太亮了""这里光线不足，太暗了"等，其实此时说的就是"亮度"。

（二）照度

照度（illuminance，单位为勒克斯，即 lx）是指物体单位面积上所接受的可见光的能量，用于表示光照的强弱和物体表面被照明的程度。

照度和亮度经常被人混淆。与亮度不同的是，照度是一个客观的参量，是我们用仪器去检测在某一个面上实际到达的光的"数量"。在照明设计中，当我们谈到照度时，它代表了某一空间或场所的明亮度。

（三）色温

色温（color temperature，单位为开尔文，即 K）是指当光源的色品与某一温度下黑体的色品相同时，该黑体的绝对温度。某个光源的色温是如何规定的呢？实际上，将一个标准黑体从绝对零度（约 −273℃，即 0 K）开始加热，温度升高到一定程度时，颜色开始从"深红—浅红—橙红—白—蓝"逐步变化。无论是在大自然中，还是在家居环境中，其不同的色温环境都将给我们不同的心理感受。

不同的色温与不同的照度相互作用，也会带给人们不一样的心理感受。在家居照明设计中，需要根据空间功能调整灯光的色温与照度，从而营造出舒适、健康的光环境。

（四）显色性

显色性（color rendering）是指与参考标准光源相比较时，光源显现物体颜色的特性。简单地讲，这种特性指的是光源再现真实色彩的程度，即光对色彩的还原度。灯光的显色性越好，对颜色呈现得越真实。

国际照明委员会规定一般显色指数 R_a 的范围是 1 ~ 10°，并且将太阳的显色指数定为 100。也就是说，物体本来的颜色就是物体在阳光下所呈现的颜色。日常生活中使用的光源显色性指数一般在 80 以上。某些高品质灯具的显色性能达到 95，十分接近太阳光的显色表现。在家里使用显色性高的灯具，会让家里看起来更美观、漂亮。

（五）光束角

光束角（beam angle）是指垂直光束中心线的任意平面上，光强度等于 50% 最大光强度的两个方向之间的夹角。光束角越大，中心光强越小，光斑越大。一般而言，窄光束是指光束角小于 20° 的光束，中等光束指光束角为 20° ~ 40° 的光束，宽光束则指光束角大于 40° 的光束。

光束角不同的灯具有不同的灯光效果，在照明设计上，一般都需要根据实际情况来选择使用多大光束角的灯具。带有光束角的灯具常用于重点照明，意在突出和表现空间重点，如装饰画、艺术品等。

（六）眩光

由于视野内有亮度极高的物体或存在强烈的亮度对比，引起眼睛不舒适或造成视觉减弱的现象，称为眩光（glare）。也就是说，当亮度超过眼睛所能适应的程度时，光会给人刺眼、不舒服的感觉。眩光现象在我们生活中经常遇到，如夜晚在黑暗的道路上看见刺眼的汽车车灯时，或者晴天在野外山上遇到的太阳眩光。

从照明设计的角度来讲，眩光从产生的方式上可以分为直射眩光（direct glare）和反射眩光（glare by reflection）。直射眩光是由视野内没有被充分遮蔽的高亮度光源所产生的眩光，反射眩光是由视野中的光泽表面反射所产生的眩光。

眩光是引起视觉疲劳的原因之一，家居照明设计容易造成眩光的原因有灯具安装位置和高度不恰当，人眼无法避免直视光源。科学的光学方案和专业的灯光设计可以有效避免眩光的问题。特别是家中有小孩或者老人，其对眩光较为敏感，应该要尽量减少眩光发生的可能性。

第二章 照明设计原理及程序解读

第一节 照明设计的原理阐释

古代人工照明以照亮环境为主要目的，所以人们对灯具设计更为关注。随着照明技术和科学照明计算公式的产生，人们可以精确地测量和计算光线的数量，人们会更加关注照明设计的质量而非数量。

一、照明设计基础

（一）视觉、视觉环境与视知觉

1. 视觉体验的过程与特点

若从生理学的角度，分析人的视觉体验过程，不免有些晦涩与难以理解，但是从体验拍照过程的角度理解眼睛的结构便容易许多。

事实上，眼睛观看的过程与相机拍照的过程近似。人眼中的关键组成部分相互配合，将外界的景象传送至大脑，带来了色彩斑斓的世界。瞳孔就如同相机的光圈，它能根据虹膜的控制智能地调节大小，以适应光线的强弱。而晶状体则类似于相机的镜头，其功能是将来自物体的反射或辐射光线，聚焦成一个上下颠倒的图像，并将其投射在视网膜上。视网膜有点像拍照时使用的胶片，是视觉过程中至关重要的一部分，它接收并记录着投射进来的图像。视觉过程虽然类似于拍照，但与之不同的是，观看过程并不会停止，它是持续进行的，不断地传递着各种信息。通过视神经，视觉信息被传递至大脑，然后由大脑进行分析和译码。这是一个复杂的过程，而最终的结果却不仅仅取决于客观环境。

个人对视觉信息的理解与分析将会影响看到的结论，这就是为什么同一个景象在不同人眼中可能有不同的解读。每个人都有自己独特的视觉感知，受到个人经历、教育和文化背景等因素的影响，因此对同一景物可能会有截然不同的看法。

2. 视觉环境

我们常常依据光环境的亮度、色彩和对比度来判断视觉环境的特征。由此可见，没有光线或光线太暗时，我们无法准确判断周围环境的特征。

在全光谱的照明条件下，人眼对物体的色彩的判断最准确，任何缺少或加强某个波段光谱的光源，都会影响人眼对物体颜色的判断。人工光源中，最接近全光谱的光源是白炽灯和卤钨灯这一类的热辐射光源。钨丝灯和卤钨灯光源色表呈现黄白色，如果以自然光 100 的显色指数作为参照，显色指数高于 90，在这些光源下，物体显现出最真的颜色，而在高压汞灯和低压钠灯下，同样的物体显现的颜色却偏暖，它们的显色指数均低于 39，但是由于人的视觉系统对色彩的认知具有恒常性，即使在不同显色指数的光源下，大脑对视觉神经感知到的颜色进行加工，最后得出对物体本色的认知。这就是为什么在夜晚昏黄的光线下，我们仍然知道树叶是绿色的，而不是红色的。

在同样的光照条件下，影响人眼对环境中亮度的感知的因素来自两方面，一方面受到颜色物理亮度的影响，另一方面则受到物体与环境之间对比关系的影响。

物体表面的光滑程度、材料的质感和色彩属性等因素直接影响人眼对物体亮度的判断。例如，在同样的人工光照环境中，同样体积的两个立方体，灰色金属质感的立方体比灰色布面的立方体看起来亮很多，因为金属材质的反射系数高于表面颗粒较粗的布面。

另外，由于受到视野中的环境亮度和物体亮度之间对比度影响，眼睛对亮度的感知有所不同。理论上而言，当环境亮度保持在 $100\ cd/m^2$，物体亮度与环境亮度的比值在 3：1，人眼的感受性最高。例如，将同样体积、颜色和质感的立方体放置在不同照度的环境中，与 $100\ cd/nf$ 亮度的环境相比，人眼能更迅速地从 $300\ cd/nf$ 光环境中判断出立方体的特征。

当环境亮度逐渐升高时，即便物体亮度和环境亮度的比值在 3：1，眼睛的感受性的下降趋势迅速；如果环境亮度逐渐下降，物体亮度和环境亮度的比值仍是 3：1，眼睛的感受性下降趋势缓慢。譬如，我们被暴露在高光下更容易产生眩晕，而处在昏暗处则感觉更放松些。值得注意的是，实际生活中，视神经对亮度的判断存在个体差异，换言之，人眼对明暗的适应性不同，作出的判断也不同。

3. 视知觉

但凡接触过艺术或设计的人们，都对法国艺术家埃舍尔的画记忆犹新，看他的画时，我们会产生怀疑，怀疑自己的眼睛出了问题。事实上，我们的眼睛没有问题，这只是因为埃舍尔的画而产生了视错觉的现象，属于视知觉系统研究的一个分支。从根本而言，我们对三维世界运动或相对静止的物体的视觉认知，对物体的远近和大小的判断完全来自光、影、形态、质感和色彩信息综合处理的结果。在我们的眼睛获取任何视觉信息的同时，我们的大脑正连续不断地对这些信息进行分析，进而得出各种各样的结论。对于埃舍尔的作品，信息非常复杂，视觉经验无法判读处于矛盾状态下的信息时，认知系统出现暂时性混乱，产生视错现象。

从生物学的角度，人类视知觉系统的特性总结如下：

（1）光知觉。眼睛接受光线，将其转换成脉冲信号，传递给大脑，而人天生具有趋光性特点。

（2）色知觉。颜色知觉既来自外在世界的物理刺激，又不完全符合外界物理刺激的性质，它是人类对外界刺激的一种独特反应形式，一定波长范围的电磁波作用于人的视觉器官，信息经过视觉系统的加工而产生颜色知觉。颜色知觉是客观刺激与人的神经系统相互作用的结果。色彩的恒常性即说明这一点，例如我们在漆黑的夜间看到一只白猫，我们绝对不会认为这只白猫到了夜晚就变成黑猫。事实上，这只白猫在黑暗的夜里，显现出来的颜色是深灰色，由于我们的大脑已储存这只猫的色彩信息，换言之色彩的恒常性发挥作用，所以我们仍然认为晚上看到的是一只白猫。

（3）方向知觉。光刺激到达视网膜的不同部分被大脑诠释为来自不同方向的光。

（4）形状知觉。不同的视觉元素经过大脑的整合形成了完整的视觉图像，于是产生对形状与结构的认知。

（5）空间知觉。两只眼睛把各自所接受的视觉信息传递到大脑皮层的视觉中枢，在这里经过一定的整合，产生一个单一的具有深度感的视觉映像。人眼能够在只有高度和宽度的两度空间视像的基础上看出深度，这主要是生理调节线索、单眼线索和双眼线索共同作用一致的结果。

（6）运动知觉。运动视觉是指当一个人的眼睛和头部保持不动时，通过视像在视网膜上的移动，来感知物体运动的现象。这种现象可以被归类为三种类型：真动知觉、似动知觉和诱动知觉。真动知觉是基于物体本身的速度和移动轨迹来做连续唯一的判断。这种知觉依赖于物体本身的运动速度，例如空中飞行的飞机和地面奔驰的火车。当观察这些物体时，能够准确地感知它们的运动轨迹和速度。似动知觉是指连续静止的刺激在视野的不同地点出现，从而引发观察者产生运动的错觉。这种知觉常常出现在电影、霓虹灯广告等场景中。尽管实际上这些刺激并没有真正运动，但大脑会被欺骗，产生出错觉，认为它们在运动。诱动知觉指的是不动的物体因其周围物体的运动而产生一种看起来好像在运动的现象。这种现象经常出现在视觉环境中，周围的运动会影响人们对于静止物体的知觉。例如，在火车上望向窗外时，静止的树木由于火车的运动而产生错觉，好像它们在移动。

（7）反射知觉。大脑在对物体亮度进行判断时，与实际物理亮度并不完全一致，而是受到反射特性和整体视觉环境的影响。这种判断过程依赖于生物本能和积累的视觉经验。事实上，这些视觉经验在辅助高级判断方面起着关键作用，也是导致视觉判断具有主观性的原因之一。有趣的是，即使在相同的环境下，人们所观察到的事物可能因为个体的视觉经验差异而不尽相同。在视觉设计领域，设计者必须灵活处理主观性和经验性的问题。要考虑到人们对视觉元素的感知因素，并利用普遍共享的视觉经验来增强设计的有效性。同时，设计师也要认识到每个人的视觉经验可能不同，因此要尽量确保设计在广泛的观众中能够产生良好的视觉效果和共鸣。

（8）图底关系。《鲁宾之杯》是一幅广受赞誉的艺术作品，以其独特的图案与背景反转关系而著称。这幅作品引发人们深入思考，因为图案在不同视角下有着截然不同的解读方式。有人将其视作一只优雅的杯子，而另一些人则能看到其中蕴藏着一个人的侧脸，这取决于观察者是否注重图案中的眼睛部分。值得注意的是，完形心理学的研究显示，人们在面对接近的图形时，往往倾向于将其解读为一个完整的形态。这种心理现象源于大脑更容易识别具有完整形态和清晰意义的图案，而非单独的碎片元素。因此，对于《鲁宾之杯》这类艺术作品，观众可能更自然地将其视为杯子或侧脸，而不是一个复杂的图案。这种图底关系现象也提醒人们在环境照明设计中的重要性。如果希望某些视觉信息能够引起观众的额外重视，应该让这些信息成为环境中的"图案"。通过合理的设计，可以利用观众的视觉倾向，使重要信息在环境中更加显眼，吸引目光，从而传达出更有意义的信息。

（9）视觉的恒常性。在大脑对视觉现象进行分析判断时，视觉因素如形状、大小、亮度、颜色和质地等发挥着关键作用。然而，这种判断并非孤立的，大脑会综合考虑环境、经验以及内心的期望等因素。令人惊奇的是，视觉恒常性使得人们能够准确地区分物体的本质属性，即使在外界条件的影响下，它们表面可能发生改变。这意味着人们可以识别物体，不受角度、位置或外部环境的影响。这种视觉恒常性揭示了视觉体验与知觉整合之间的密切联系。视觉体验并非简单地接收和传输信息，而是一种综合了各种感知信息的过程，融合了认知和感觉。这种整合让人们能够更好地理解和适应周围的世界。

（10）视错觉，视错觉研究者普遍赞同的观点是：视错觉运动是一种特殊的周边漂移错觉，由静态重复不对称图案所引起的现象。当模仿神经细胞在对比和光亮的适应条件下，真实的亮度随着时间改变，并且改变视觉细胞对动画影像定性的、相似的运动认知，在这个过程中，对象的颜色和整体的对比起到强化这种错觉的作用。

（二）照明设计中的色彩

想象一下，如果这个世界只剩下黑白，我们的生活也将变得枯燥乏味。虽然色彩对于人类而言不是基本的生存条件，但是色彩是整个人类存在的必备条件。本小节将从色彩的基本属性揭开对色彩的认知之旅，分析生活中认知系统如何对照明环境中的色彩进行辨别，并着重分析人对色彩的感受。

1. 色彩属性

色相是用于一般性描述物体反射的主要波长所呈现的色彩表现。人们通过区别和命名不同的色彩印象来表示不同的色相。在可见光谱中，红、橙、黄、绿、蓝、紫代表着不同波长的色相。

明度是指色彩的明暗程度，与物体表面的反射率相关。如果反射率较高或光线较强，那么明度也较高，色彩会显得较亮或较浅。相反，如果物体吸收了大部分光线或光线较弱，明度较低，色彩则会显得较深或较暗。

纯度也被称为彩度或饱和度。纯度决定了色彩的鲜艳程度，即颜色的饱和程度。颜色越纯，彩度就越高，从而带来更强烈的视觉刺激。当颜色的纯度增加时，色彩会更加鲜明，给人以强烈的视觉效果。相反，如果颜色的纯度较低，彩度就较弱，色彩会显得较为柔和和淡化。

2. 光源色、固有色与显现色

在照明设计中，色彩涵盖着两个关键层面，分别是光源本身的颜色以及物体经过照射后所呈现的颜色。物体的颜色包含着两种来源：一是自然光下的固有色，二是在人工照明环境下显现的色彩。这三者之间存在着紧密的因果关系，彼此相互影响。要理解这种关系，需要关注光源色、固有色和显现色的相互作用。光源的颜色决定了照射到物体上的光的色彩，而物体本身固有的颜色也会对经过照射后的显现色产生影响。所以，当其中一方发生变化时，其他两方的色彩也会随之改变。在光谱分布图中，色彩根据波长的长短排列。具有最长波长的颜色代表着物体的实际颜色。例如，看到叶子呈现绿色时，这是因为叶子反射中波（绿色）波长的光线最多；而当叶子变黄时，就意味着叶子反射长波（黄色）波长的光线较多。

3. 人对色彩的感受

在空间中，第一感觉是至关重要的，它往往源于个人对环境中色彩的感知。色彩的转变能够深刻地影响整个空间的氛围，进而影响人的情绪。举例来说，红色可以激发情绪，而翠绿色则能带来舒适和平静的感觉。人们常常发现，情绪受色彩的支配，这在日常生活中时有发生。然而，色彩的影响不仅止于情绪上的改变。它还能唤起人们对过去空间的回忆，勾起往昔时光的缅怀。此外，色彩还能提高人们对周围环境的警惕性，使人更加敏感地感知所处的情境。

（1）清凉与温暖感。不同的色彩可以唤起人们不同的情绪和感觉。例如，绿色和蓝色往往给人带来清凉平静的感觉，这对于创造一个放松的氛围非常有用。而橘色和红色则更容易带来温暖舒适的感觉，适用于打造温馨的环境。

（2）色彩的重量感。在照明设计中，我们常常利用白色的灯光打在高大的墙体或物体上，来减轻墙体的压迫感与物体的笨拙感。

（3）膨胀与收缩感。低明度的色彩通常会使空间显得狭小，因为它们给人一种暗淡的感觉。相比之下，高纯度的色彩会使空间显得拥挤，因为它们过于鲜艳和引人注目。因此，在选择色彩时，必须考虑到个体的色彩偏好和经验，因为色彩的感受对每个人可能是主观的。

（4）色彩的空间感。颜色对比是一个关键因素，它可以使物体产生距离上的变化。通过合理运用对比，设计师可以营造出深浅不一的空间感。明度和纯度的改变也会影响物体的视觉效果。较高的明度会使物体看起来更大，而较低的明度会使物体显得较小。同时，改变色彩的纯度可以影响物体在空间中的前后位置，从而产生立体感。

（5）色彩的象征感与安全感。例如红色象征着危险，黄色象征着注意，绿色象征着安全，巧妙地利用色彩的象征性，这些象征感受到个人的生活体验以及教育背景的影响，如果在设计过程中利用色彩的象征性，将得到意想不到的设计效果。另外色彩的象征因受到不同国家与民族本土文化的影响，其所象征的含义也不同，因此当人们看到同样的色彩时，联想也不同，例如，西方婚礼上使用白色是纯洁与神圣的象征，而在中国的传统婚礼中避免出现白色，因为在中国文化中，白色通常被用在葬礼上。

（6）色彩的诱惑感。一般情况下，红色诱目性最高，蓝色次之，绿色最小。任何一种色彩都可能产生诱惑感，关键控制这种色彩与环境色之间形成的明度上的对比关系。通常在明度与纯度较低的环境中，出现高纯度与明度的色块，容易制造出诱惑感，高纯度的颜色容易制造出诱惑感。

（三）光源的种类和特征

在漫长的人类历史进程中，人类对自然界存在的光源进行利用，整体而言分为三种光源：热辐射、气体放电和固体发光（图2-1）。通俗化理解，火光就是热辐射光源，闪电就是气体放电光源，而萤火虫、海底生物等就是固体发光光源。人工照明历史的发展，受到自然界的启发，经过一百多年的发展，总体看来，经历白炽灯、荧光灯、高强气体放电以及发光进而激光LED四个阶段。

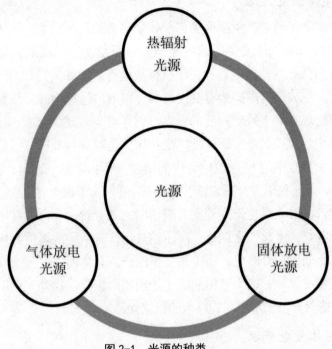

图 2-1　光源的种类

1. 热辐射光源

热辐射光源是指当电流通过并加热安装在填充气体泡壳内的灯丝时所发出的光。其发光光谱类似于黑体辐射的一类光源，白炽灯、玻璃反射灯与南素灯都属于热辐射光源。

白炽灯的结构主要是由玻璃泡壳、灯丝、灯头和内充气体组成。灯泡壳可以是透明的，也可以是磨砂的，还可以是反射涂层。白炽灯的优点是维护、更换、安装工作简单容易，初期投资少。缺点是光效差，平均使用寿命短，遇到高大空间时，不易提高被照物体的亮度。玻璃反射灯使用压制玻璃一体成型，属于高光强的光源。由于增加了光学反射器，这类光源具有明亮的光速和精确的角度，特别适合小空间和重点物体照明用。经济型 PAR 灯的使用寿命为 2000 h，比白炽灯使用寿命长。卤素灯是在白炽灯内填充卤化物，灯泡壳适用石英玻璃的光源。卤素灯比白炽灯的光效高、寿命长以及色温高，并且不会像白炽灯产生发黑的现象。因此，卤素灯广泛用于商业展示、娱乐场所、建筑物外光照、广告和停车场等照明设计中。

2. 气体放电光源

气体放电光源的产生原理类似于我们熟悉的自然现象——闪电，电流通过封闭在管内的气体或金属蒸气等离子时而发光。根据填充材料的压力不同，可分为低压气体放电灯和高压气体放电灯。例如荧光灯，属于低压汞蒸气放电灯，在玻璃管内壁涂有荧光材料，将放电过程中的外线辐射转化为可见光。节能灯实际上是缩短后的荧光灯，具有光效高、节能、体积小、寿命长以及使用方便等优点，因此被广泛使用。还有一种低压气体放电灯叫低压氖灯，是由带有钠的 U 形放电灯中的惰性气体和氖蒸气放电产生 589 nm 的黄色谱线，是一种单色光源，显色指数不存在。由于放电管工作时温度很高，所以放电管被封入真空带红外反射膜透明的外套管中。再如高压钠灯属于高压气体放电灯，比起低压钠灯，高压钠灯工作时所需的温度和压力更高。虽然显色性比低压钠灯略好，还需进一步改善。总体而言，鉴于高压钠灯的高光效和长寿命优势，成为道路照明、景观照明、建筑物外观照明、大型场馆照明和一些对显色要求不高的环境的首选光源。

3. 固体放电光源

是指某种固体材料与电场相互作用而发光的现象。高效、节能、长寿命的新型光源一直是照明专家研究的目标，特别是当下对绿色照明光源的研发。例如无极感应灯，一种在气体放电时通过电磁感应而产生的光。目前较多应用于维护费用高、人难以到达的地方，如高层建筑屋顶、塔等。微波硫灯，适用 2450 MHz 微波来激发石英泡壳内的发光物质硫，从而产生连续可见光。这也是一种节能、光色好、污染小以及寿命长的绿色照明产品。此外，还有一种新光源——发光二极管 LED。它是在半导体 p-n 结构或类似的结构中，通以正向电流，以高效率发出可见光或红外辐射的设备。LED 使用寿命长达10 万小时，理论上如果每天工作 8 h，可以有 35 年免维护。低压运行时，几乎可达到全光输出，调光时到零输出，可以组合出各种光色，同时还具备点光源特性、无红外线和紫外线辐射、热量低等明显优势，对于照明设计而言，高亮度 LED 的研发和应用，给照明设计带来无限的创造力。目前，LED 灯的使用成本高于其他类型，因此未得到普遍使用。

二、照明灯具的选择与配置

灯具是人们夜间生活中的重要必需品，发挥着非常重要的作用。从接触的频率而言，我们对灯具非常熟悉，每天都会频繁使用办公室的工作灯、展厅里的射灯、床边的床头灯、客厅的水晶吊灯。

（一）灯具概述

灯具是指能透光、分配和改变光源光分布（配光）的器具，包括除光源外的所有用于固定和保护光源所需的全部零部件，以及与电源连接所必需的线路附件。

现代灯具的应用范围非常广泛，在建筑领域主要包括家居照明、商业照明、工业照明、道路照明、景观照明、特种照明等。对于室内照明设计而言，主要研究家居照明、商业照明和部分工业照明中的灯具运用。

1. 灯具的基本构造

（1）光源，如各种灯泡和灯管。

（2）控制光线分布的光学元件，如各种反射器、透镜、遮光器和滤镜等。

（3）固定灯泡并提供电器连接的电器部件，如灯座、镇流器等。

（4）用于支撑和安转灯具的机械部件等。

2. 灯具的主要作用

（1）控光。利用灯具上的控光部件，如反射器、透镜、格栅、遮光罩等，可将光源所发出的光重新分配到被照面上，以提高光效、降低眩光并得到所需光照效果。

（2）保护光源。由于灯具材料大多质地坚硬，因而可保护光源免受外部碰撞、剐蹭等机械损伤；部分灯具通过将光源密封起来，可使光源与外界隔离，从而使光源免受灰尘、有害气体污染，并保护室外光源免受风吹、日晒、雨淋之害；部分灯具使用特殊吸热材料制成，因而可吸收光源散发的热量，从而降低光源温度，进而避免光源过早老化或损坏。

（3）增强光源的安全性。灯具大多内含绝缘材料，可对光源进行电隔离，从而避免引发触电与短路故障。

（4）美化环境。造型新颖、独特的灯具可美化环境和营造良好的氛围。

3. 灯具的光学特性

灯具的光学特性主要是指灯具效率、遮光角和配光曲线三项指标（图2-2），其意义如下：

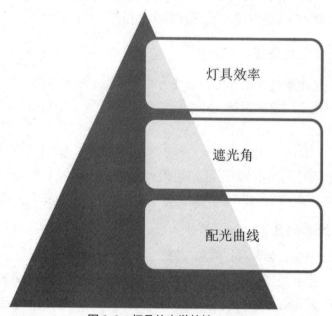

图 2-2　灯具的光学特性

（1）灯具效率。灯具效率是指在相同的使用条件下，灯具发出的总光通量与灯具内所有光源发出的总光通量之比，也称灯具的光输出比。由于光源发出的光通量经过灯具控光部件的反射和透射必然会产生一些损失，所以灯具效率总是小于1。

（2）遮光角。遮光角又称保护角，是指光源发光体最外缘一点和灯具出光口边缘的连线与通过光源光中心的水平线之间的夹角。在正常水平视线条件下，为防止高亮度的光源造成直接眩光，灯具至少应具有10°～15°的遮光角。在照明质量要求高的环境中，灯具应当有30°～45°的遮光角。为了降低或消除高亮度表面对眼睛造成的眩光，可以给光源加上一个不透光材料制成的灯罩，使灯具有一定的保护角。此外，配合适当的安装位置和悬挂高度，也可以控制灯具的照射效果。一般而言，灯具的遮光角越大，防止眩光效果越好，但光输出率会减小，灯具的效率会随之降低，能源效率也降低。

（3）配光曲线。配光曲线是指光源或灯具在空间各个方向的光强分布，它取决于灯具的控光部件（如反光器等）。配光曲线可以描述光强的大小（如离原点近，说明光强小）、获取光学参数信息（如发光强度）、计算照度、读取光束角等，为人们选择合适的灯具提供了参考依据。

4. 灯具与光线的控制方式

对灯具光线的控制，通常有四种不同的方式：

第一，通过灯具上的反射器。光源发出的光经反射器反射后投射到目标方向，反射器是利用反射原理重新分配光通量的配件，早期使用玻璃作为反射材料，为提高发光效能，先采用镀铝或镀铬的塑料。反射器的形式多种多样，可分为球面反射器、抛物面反射器等。

第二，通过遮光器。遮光器有嵌入式与外接式两种，嵌入式遮光器与灯具为一体，基本构造类似于栅栏格，格子越密，保护角越大，有效光线的损失也越大。

第三，使用滤镜。滤镜分三种，变色滤镜可以控制光的颜色，使用镀膜彩色玻璃或耐高温塑料制成；保护滤镜则可以减少光线中的红外线与紫外线辐射带来的伤害；投影滤镜安装雕刻镂空图案的金属薄片对光线进行遮挡，从而可以投出各种图案。在同一个灯具上，可根据照明效果的需要安装不同功能的滤镜，达到预期设计的光效。

第四，通过透镜来控制光线。利用光的折射原理重新分配光源光通量的元件。

5. 灯具的不同分类

灯具的种类繁多，可依据不同的使用空间分类，也可根据灯具发出的光线在空间中的分布进行分类，还可根据灯具的不同结构与造型进行分类，本小节从不同的角度介绍灯具的类型：

（1）根据不同功能的空间分类：在以下这些不同功能的空间中，使用的灯具类型不尽相同。室内环境中用于住宅空间、办公空间、商店空间、观演空间、竞技空间等空间的照明灯具，室外环境中用于建筑外立面、广场、道路、景观、公共设施等空间的照明灯具。

（2）根据灯具发出光线在空间中的分布情况：①泛光灯：灯具中的光源发出的光通量向着各个方向发散，照亮整个环境的灯被称为泛光灯。②聚光灯：灯具中的光源发出的光通量汇集为一束，有明确光束角的灯被称为聚光灯。③洗墙灯：可以被看作一种光束角特别宽的聚光灯，此种灯发出的光通量在整个光束角内的分布非常均匀，照明效果如从水平方向漫过一个平面一样，主要用来均匀地照亮某个空间界面。

（3）根据灯具的形态进行分类：根据灯具的形态以及结构可分为以下几

类：下垂吊灯、枝形吊灯、嵌入式灯具、托架式灯具、台灯、射灯、落地灯、嵌入式地灯、柱式灯、艺术造型灯及其他等。

（二）灯具的选择

如今，灯具除了用于照明外，还是室内设计中重要的装饰元素之一。设计师可以根据室内的照明需求、环境条件及装修风格等因素选择灯具，也可以根据设计的需求自己动手制作创意十足的灯具。

灯具的样式、照明方式、发光效率、施工及造价等都会影响灯具的选择。不同的环境，选择灯具的侧重点也不同。满足功能需求是选择灯具最基本的要求，如是否满足配光需求、能否很好地控制眩光等。除此之外，还要考虑人们的审美需求、维护需求及业主的需求等。

选用灯具时，必须根据功能要求和环境条件，对每类灯具的实用性和其对光环境的影响进行认真分析，以充分发挥每种灯具的照明效率。表 2-1 将不同光通量分配比例的灯具的光照特性进行了汇总，以供读者参考。[①]

表 2-1　不同光通量分配比例的灯具的光照特性

灯具类型	直接型	半直接型	漫射型	半间接型	间接型
上半球光通量 /%	0 ～ 10	10 ～ 40	40 ～ 60	60 ～ 90	90 ～ 100
下半球光通量 /%	90 ～ 100	60 ～ 90	40 ～ 60	10 ～ 40	0 ～ 10
光照特性	效率高	效率中等			效率低
	室内表面光反射比对照度影响小	室内表面光反射比对照度影响中等			室内表面光反射比对照度影响大
	设备投资少	设备投资中等			设备投资多
	维护使用费低	维护使用费中等			维护使用费较高
	阴影浓	阴影稍淡			基本无阴影
	室内亮度分布不均匀	室内亮度分布较好			室内亮度分布均匀

在进行人工光环境设计时，选用合适的照明灯具对于提高光环境质量、

---

① 鲍亚飞，熊杰，赵学凯．室内照明设计 [M]．镇江：江苏大学出版社，2018：55.

创造良好的环境气氛有着很大的影响。灯具的选用除了应参照表2-1所列各种灯具的特性外，还应综合考虑光源、配光、环境条件和经济性（图2-3）。

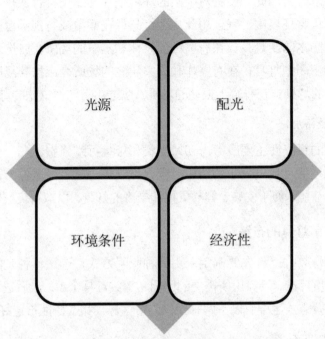

图2-3 灯具选用考虑的因素

1. 光源

在选择照明灯具时，首先要选择光源的种类。每种光源都有其适用的场所，应当按照照明的要求、使用环境条件和光源的特点，来选取照明灯具所配用的光源。

2. 配光

在商场、办公楼、文体设施的休息厅和接待厅等建筑空间中，要求室内表面有较高的反射比，将大部分直射光线投射到顶棚和墙面上，因此可以采用直接型或间接型灯具及其组合，尽量获得合理的配光。例如，在大厅或大的办公室中，采用格栅型嵌入式灯具，并布置成发光带，同时将光带的间距缩小，可以有效地限制眩光，并获得柔和的光线。再如，对于要求垂直面照明的场所（如学校教室的黑板照明），宜选用不对称配光的灯具或倾斜安装的灯具；在要求防止直接眩光的室内空间，宜安装漫射玻璃灯具；在要求限制反射眩光的场所，宜选用有漫射照明装置的灯具。

3. 环境条件

影响灯具的环境因素主要包括潮湿、高热、粉尘、化学腐蚀、爆炸危险及医疗要求等。因此，要针对不同的环境条件，选用符合使用功能的灯具。例如，在正常环境中，宜选用开启型灯具；在潮湿或特别潮湿的场所，宜选用密闭型防水防尘灯具；在有腐蚀性气体和蒸气的场所，应选用耐腐蚀性材料制成的密闭型灯具；在有爆炸和火灾危险的场所，应按其场所危险的等级选择相应的灯具；在有较大振动的场所，应选用有防振措施的灯具。

4. 经济性

灯具的经济性主要应考虑初始投资和年运行维修费。在一般情况下，获得同一照度值且耗电最小的照明方案，可以认为是最经济的方案。通常，宜选用低耗节能、便于安装、容易更换和维修的灯具，以取得良好的节能效果。

（三）灯具的布置

布置灯具时，首先要确定采用哪种照明方式，选用何种光源；再依据该场所的照度标准，计算出所需要的照明功率或灯具个数；最后进行灯具布置。灯具的布置方式主要有以下两种：均匀布置灯具和选择性布置灯具。

1. 均匀布置灯具

在整个工作面要求均匀照明的场所，可采用均匀布灯方式。均匀布灯通常是指将同类型的灯具按等分面积布置成单一的几何图形，如直线形、正方形、矩形、菱形或角形等，排列形式以眼睛看到灯具时产生的刺激感最小为原则。同时，不同的布灯方式还会给人造成不同的心理影响。例如，在绘图室、图书馆阅览室等空间中，一般将荧光灯光带沿房间的长方向布置，既能满足照度均匀的要求，又能给人以良好的秩序感和安静感。

2. 选择性布置灯具

选择性布灯是为了突出某一部位（物体）或加强某个局部的照明，或者为了创造某种特殊装饰效果、环境气氛时采用的布灯方式。通常，灯具的具体布置位置要根据照明目的、主视线角度、需突出的部位等多种因素决定。

此外，在具体布置灯具时，还需要考虑照明场所的建筑结构形式、工艺设备、管道及安全维护等因素：

三、照明控制方式

照明控制系统是实现节能的有效方法，它可以延长光源寿命，改善工作环境，提高照明质量，实现多种照明效果。通常，照明控制方式有以下两种：开关控制和调光控制（图2-4）。

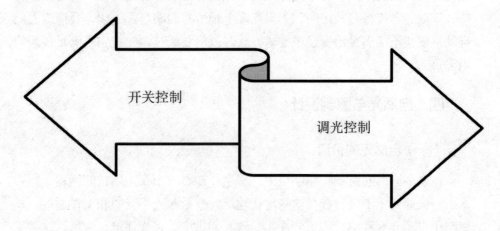

图 2-4　照明控制方式

（一）开关控制

在灯具的控制方式中，开关控制被视为最简单、最基本的方式，它能够根据使用情况和功能需求方便地控制灯具的开关状态，以达到控制目的。这种控制方式可以分为几种类型，包括跷板开关控制、断路器控制、定时控制、光电感应开关控制以及人员占用传感器控制。

跷板开关控制的优势在于它的灵活性，使用者可以轻松地手动控制灯具的开关。然而，它也存在一些不足之处，如线路繁琐、维护量大，而且可能会有线路损耗的问题。断路器控制，它通过楼层配电箱的断路器来控制一组或几组灯具的开关状态。这种方式相对简单，并且可以集中控制多个灯具，但可能缺乏一些灵活性。定时控制是一种智能化的控制方式，它利用预设的时间来自动控制灯具的开关。这对于按时需要灯光的场景非常有用，比如根据日出日落时间来自动控制路灯的亮灭。光电感应开关控制则利用感光元件来检测环境的照度，根据预设的照度上下限来自动控制灯具的开关。这样的控制方式能够根据环境光照的变化智能地调整灯光亮度，节省能源的同时也满足使用需求。人员占用传感器控制是一种智能化的控制方式，它通过感知人员进入或离开空间来自动控制灯具的开关。当感应到有人在空间内时，灯具自动开启，无人时则自动关闭，从而实现节能和自动化的双重目标。

（二）调光控制

调光控制是指改变通过灯具的电流或电压大小，以连续调节灯具的发光亮度的照明控制方式。利用此方式可以大幅降低能源消耗。例如，对于办公楼、商场、学校等公共场所，如果在晚上把所有照明全部关闭，会造成人们行动不便或不能满足治安巡逻要求，此时就需要通过调光控制来满足夜间照明需求。

四、自然光与照明设计

（一）自然光的价值

在许多城市的商场和写字楼中，普遍存在着一个令人困扰的问题：室内永远灯火通明，不分昼夜。这些现代建筑完全依赖人工光照和空调通风，却忽略了自然光线和空气的重要性，导致人们患上了现代建筑综合征。这种综合征引发了一系列症状，包括头痛、恶心、嗓子痛、哮喘发作等，让居民倍感不适。长期处于这样封闭的环境中，人们渐渐失去对自然现象的感知，例如日光的变化，进而加剧了建筑综合征的症状。缺乏阳光和新鲜空气的滋润，会让身心健康受到威胁。自然采光对人们的身体、心理和生活的意义重大，不容忽视。

1. 有利于人的心理健康

自然光照明，源远流长，然而随着电灯的问世，自然光似乎逐渐失去了其重要性。研究者们进行了一系列研究，旨在探究自然光与人类工作、学习表现之间的关联。在一项研究中，学者发现长时间在单调的电灯照明下工作会导致感官灵敏度下降，从而降低生产力。这意味着持续暴露在人工光源下，人们可能会感受到更少的刺激，进而影响到工作效率和创造力。与此相反，另一项研究揭示了靠近天窗、受自然光照明的位置在超市中收入高于其他位置40%的事实。这表明自然光不仅仅有助于提升人们的购物体验，还可能影响购买决策和消费行为。更为引人注目的研究结果之一是，学生在日光照明的教室上课的平均考试成绩比在人工照明教室上课的学生高出26%，这显示了自然光照明对于学习环境和学业表现的积极影响。这可能是因为自然光能够提供更好的视觉舒适度和注意力集中，从而帮助学生更好地吸收知识和应对考试。

人工光可以满足人类的采光需要，但满足不了人们的心理需求，譬如清晨当你起床时，透过玻璃窗，感受阳光的温度，连心也跟着温暖起来。

在人工光的构成中，长波光线占据主导地位，然而蓝色光在调控人们的作息规律方面却显得尤为重要。令人惊讶的是，人体生物钟更偏爱蓝色光区域的短波光线。这些光线能够有效地抑制褪黑激素的分泌，并激发荷尔蒙的释放，从而提高人的机敏度和活跃度。仅仅依靠人工光可能无法满足人体的全部需求。自然光在补偿人工光中缺失的功能方面发挥着重要的作用。自然光不仅在光谱成分上更为丰富，还能根据不同时间段的需求，提供恰到好处的光线，有利于维持人体的生物节律。

在进行光环境研究时，科学家必须充分考虑人的心理因素。人对光的感知和情感反应在光环境研究中不可忽视。因此，除了纯科学数据外，对人的心理反应和舒适感的探究也至关重要。为了更好地理解光环境对人类的影响，美国瑞瑟雷尔工艺研究所旗下的照明研究中心采用了综合分析的方法。他从生态建筑学和人类学的角度入手，探索光环境与人类生活的融合。通过这种跨学科的研究方式，能够为创造更为人性化、舒适和健康的光环境提供有益的指导。

重视自然光设计，就是对人类生存状态的尊重。因此，当我们知道人们在自然采光的房间生活工作会更健康、更有效率时，剩下要做的就是把这些原理应用于设计实践中。

2. 有利于节约能源

早在20世纪70年代末，许多的经济学家、科学家和环保主义者就建议：如果城市的建筑多减少些对人工照明的依赖，就能极大地降低对能源的需求和消耗，就会降低每个人的生存成本。只是这样的忠告，在当时还未引起政府和大众的关注。现在，不用说，全球气候异常现象的频繁出现和金融海啸的剧烈程度，已完全反映出能源问题已成为全球性的重大问题。更值得注意的是每一个人都与此问题脱不了干系，因此每一个人都有义务关注自然光照明，实践绿色照明。

目前，在纽约，有许多建筑学家心甘情愿地在一个非盈利性研究中心兼职，这个实验室致力于帮助在其建筑中最大限度地利用自然光照明，目的是研究、宣扬和推广自然光照明。他们正在潜心研究自然光在建筑照明中的积极作用，并极力宣传日光在建筑照明中的妙处。相信在不久的将来，中国也会出现这样一批建筑师、照明设计研究者、室内设计师，潜心研究日光与人居空间之间的关系。在通常情况下，自然光被认为是无形的。然而，通过采用各种设计手法，对其形态与色彩进行塑造，将为人们带来人工光所无法媲美的源自自然的、明亮清晰、健康且充满活力的体验。视觉上，自然光为人们提供了舒适感受的光源；而从可持续发展的角度来看，充分利用自然光照明也能大幅节省能源。

（二）采光设计基本原理

早期人类生活与生产活动，以自然光与烛光照明为主，建筑内部的自然光强弱决定一个空间的使用效率，如果采光欠缺，白天室内的使用率就会很低。在过去很长一段时期，窗的设计成为控制建筑室内光线的重要媒介。目前，使用电能源照明已被人类发挥得淋漓尽致，正因为如此挥霍电光源，我们不得不面对能源危机。因此，窗的设计仍然不容忽视。

必须经过以下程序，才能完成一个较为系统与完整的采光设计方案：首先要到现场实测照度，考察此空间的方位、窗户的大小与朝向、窗外的环境；在分析这些基本信息之后，提出初步采光方案，并利用计算机进行模拟，在借助模型预测之后，调整窗的位置与大小，并利用遮阳装置控制直射光；在此步骤之后，要将人工照明方案与采光设计方案配合，进入室内照明效果调整阶段，进行实测与调试，到此为止，采光设计程序才算完成。

分析各种建筑空间的采光设计方案，可总结为以下五种基本形式，几乎所有的建筑空间都是由这几种采光形态结合而成：坡形、L形、U形、柱形、线形。这五种采光方案经过组合适用于不同功能的建筑。例如，在历史建筑改造项目——德国柏林的国会大厦中庭，覆盖了科技含量较高的屋顶系统，不仅为室内引入更多的自然光，还能将直射光带来的多余热量转换成电能。法国奥赛美术馆的设计运用线形采光形式，将旧火车站改造成美术馆，美术馆对自然采光的要求较高，将原有的封闭屋顶改造成全玻璃顶棚，既满足展览需求，又节约能源。

（三）人工照明基本原理

1. 人工照明设计的目的

人工照明的目的分为两种，一种为功能性照明，另一种为氛围性照明。

功能性照明的目的是照亮环境，帮助人们迅速地辨识环境的特点。

氛围性照明的目的是满足人们审美和情感需求，其衡量标准较为主观，因时代、文化、个体的要求不同而不同。

2. 功能性人工照明的设计要求

第一，提供足够的照度。

第二，避免任何形式的眩光。

第三，防止光污染，降低垃圾光对于人的生理和心理健康的损害。

第四，选择节能、高效、适中的光源。

第五，灯具外形设计需要与空间匹配，不能过于突兀。

3. 氛围性人工照明的设计要求

第一，营造舒适宜人的光环境，避免白光污染和彩光污染。

第二，满足人们审美层面的需求。

第三，创造有利于人际交往、消除紧张情绪的光环境，重视光线对人的心理产生的积极影响。

第二节　照明设计的形式语言及形式美法则

一、照明设计的形式语言

照明设计不能脱离美学范畴。点、线、面是造型构成中的基本要素，它们存在于任何艺术造型设计中，也包括光环境艺术设计（图2-5）。这些基本要素及其构成原则是视觉要素的起点，是传达视觉信息的一种重要方式。三种元素组成的形态会呈现出无限可能的变化形式，向受众传递相应的信息感受与情感印象，使其身心得到相应的愉悦与满足。

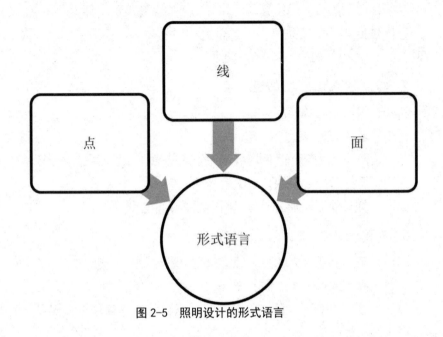

图 2-5　照明设计的形式语言

（一）点

在光环境设计中，点、线、面的区分是相对于造型或环境因素而言的结果。每个要素的构成原理也是相对的，存在于对比中。点是其中一个基本要素，它可以采取多种形状，不仅局限于圆形，而在视觉中还可以呈现为星星、花朵、人等各种形态。这些形状的变化赋予点以丰富多彩的表现力。点的感觉与光的形态大小有密切关系。形态越小，点的感觉越强烈，就像明亮的星星在夜空中般闪耀。光环境设计中，点的连续重复变化，并赋予方向性，能够产生线的感觉，使得点与点之间产生联系。随着点所在的光线面积增大，点的感觉逐渐趋向于面的感觉，同时点自身的感觉减弱。这使得设计师能够在空间中自由运用点、线、面，调控光的形态，创造出丰富多样的视觉效果。在光环境设计中，点能够成为空间画面视觉的焦点和中心，吸引人的目光，使得观者聚焦于特定的区域。若使用不当，点可能导致杂乱和涣散的状态，影响整体设计的效果。因此，在运用点的过程中，设计师需要审慎把握，使其成为设计的亮点，而不是干扰视线的瑕疵。

（二）线

在平面艺术和设计中，线扮演着重要而独特的角色。线是由点的运动轨迹形成的，它呈现出细长的形状，可以是笔直的，也可以是曲线的。这种视觉元素在构成平面图像时非常关键。在平面视觉构成中，线具有多样的特征，包括宽窄粗细、一定的长度、宽度和面积。这些特性使得线在创作中能够传达不同的信息和情感，起到引导视觉注意力的作用。特别在灯光设计领域，线以带光的形式常被应用在空间中。尽管线光源在现实中是立体的，但它们给人的感知却是平面的。这种矛盾的存在赋予了设计师一种有趣的创作空间，使线能够在空间中产生错觉和意想不到的效果。线光源的形态也非常多样，可以是直线、折线、曲线等。不同的形态创造出不同的视觉感受和审美特征，从而丰富了设计的表现手法和可能性。

除了美感上的表现，线光源在公共空间中还具有实用的功能。它们具有导向性，可以被用于引导人流方向，提升空间的可用性和效率。线条在方向上的平衡和谐运动构成了线的有趣和复杂节奏。设计师可以通过对线条的安排和组合创造出充满生动感和动感的作品，从而吸引观众的目光，引发共鸣。

（三）面

在画面构成中，面是由线条的移动轨迹形成的，这种移动线的曲直变化在平面视觉构成中起着关键作用，它决定了画面中面的方向、大小和位置。这些面通过线条的界定，形成了各种各样的特定形状，因此也被称作"形"。面在绘画和设计中具有重要意义，因为它们能够赋予画面不同的表现效果。通过运用面，艺术家可以传达出清晰与混沌、繁复与简洁、生动与呆板等截然不同的感觉。例如，清晰规整的面可以营造出简约现代的氛围，而错综复杂的面则可能创造出神秘莫测的效果。在室内空间光环境设计中，平面构成的面光源成为一种广泛应用的技术。相较于单点或单线光源，面光源更具表现力，它能够更全面地照亮墙面、地面和顶部，创造出更加丰富多彩的光影效果。这种技术的运用使得室内空间的氛围更加柔和、舒适，同时也为室内活动提供了更好的照明条件。面在室外空间中主要是地面及竖直向上的界面。

二、照明设计的形式美法则

照明设计中的"形式美感"就是用光的表现方式、以美的形式展现出来的，把美从光环境的具体内容中抽离出来，与各个形式美因素相互联系组合，形成具有独立审美价值的组合规律和符号体系。如光的变化与统一、节奏与韵律、对比与调和、对称与均衡等，这些形式美的规律，是审美的视觉体验，也是艺术设计中普遍存在的美学原则（图 2-6）。

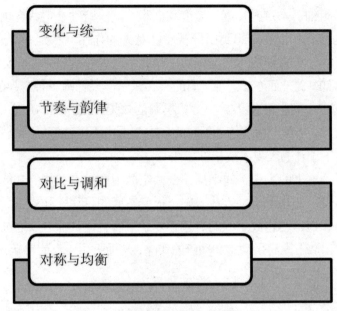

图 2-6　照明设计的形式美法则

（一）变化与统一

在光环境创作中，变化与统一被视为基本法则，这两者虽然相互对立，却又紧密依存。光线在空间中呈现出多种变化方式，包括形体上的大小、高低、曲直等变化，以及形态上的虚实、浓淡等变化。这些变化使得光影效果更加鲜明，吸引人们的目光，增强了视觉冲击力，同时建立了层次感和视觉焦点。光线的变化应当有主次之分，局部的变化要服从整体的规律。变化需要遵循一定的规律，可以是简单或复杂的，显著或模糊的。为了创造和谐美的效果，艺术家需要在细节的变化中寻求整体的统一，增加共同的因素和特征，避免琐碎和松散的局面，保持整体的主调。在追求统一的同时，光环境创作中蕴含着丰富的变化。这种统一并非呆板无趣，相反，它应该突破刻板的表现，使光线在空间中展现出动感、生气与趣味。艺术家可以通过独特的手法和技巧，赋予光线以生命力，让它在空间表现中自由舞动，呈现出独特的魅力。

（二）节奏与韵律

在光环境设计中，节奏与韵律被认为是至关重要的概念。光的节奏是指通过点、线、面和空间的变化来创造光的形状关系。设计师通过精心调整这些形式，将它们有机地融合在一起，形成有序而整体的光线展现。这种节奏性的设计方式使得光线能够展现出其独特的特性。与此同时，韵律这个概念则更加涉及到整体气势和感觉。光线的变化通过引导视线，创造起伏和节奏感，以此来表达内容和情感。韵律的存在使得光的设计更加有灵动性和生动性。它将光线的变化融入整体设计中，从而丰富了设计的意蕴。

在光环境设计中，节奏美体现了光的抽象元素之间的连续性和动感。设计师通过巧妙地运用节奏，使得光线在空间中流动起来，创造出一种连续流畅的感觉。这样的设计不仅能够吸引观者的目光，还能够使其产生一种动态的体验。而韵律美则进一步加深了节奏美的效果，注入了思想和情感。通过在光线中引入变化，设计师能够创造出一种充满节奏感的氛围。这样的设计方式不仅能够让人感受到来自光线的动力与力量，还能够传达出设计背后的思想和情感。

（三）对比与调和

在视觉构成要素中的对比方式可以通过展开讨论不同的面貌和特点，从而强调个性。在光环境设计中，对比被用来创造视觉上的差异，通过调整灯光的亮度、面积、形状、色彩等来实现。这种对比可以使展品在展览的空间中更加突出，吸引观众对细节的关注。光线的明暗对比还能够产生生动活泼或令人兴奋的视觉效果，同时减少观众的视觉疲劳。通过合理利用光线的对比，展览空间中的物品变得更加有生命力，让人们对展览产生更大的兴趣和情感共鸣。

调和是另一个重要的视觉设计原则。通过降低元素之间的对比度，追求和谐一致的效果。这种调和可以消除过于强烈的对比，使元素之间更加有机地融合在一起，创造出一种平衡感和视觉流畅性。

（四）对称与均衡

画面构图的对称性在视觉上能够创造一种稳定平衡的感觉。在中国传统建筑、园林设计和光环境设计中，人们广泛运用对称的原则。然而，过度的对称往往会给人一种拘谨、呆板、乏味的印象。因此，要实现视觉上的平衡，需要通过均衡的手法来调节对称的形式。这种均衡并不是指空间物质形态的绝对平衡，而是指在通过对称创造出相应物象相同，但形态各异的感觉。通过适度的均衡处理，可以使得画面更加生动有趣，同时保持整体的和谐与美感。

第三节　照明设计的一般程序解析

一般而言，人工照明设计项目必经四个阶段：方案设计阶段、施工图设计阶段、安装和监理阶段、维护和管理阶段，并且，这四个阶段的先后顺序不可颠倒。但是由于照明工程要与建筑或室内工程施工配合，因在实际工程中若干小环节之间会重复，因此，在设计方案阶段，将各个环节的设计工作做得越好，整个工程进展得越顺利（图2-7）。

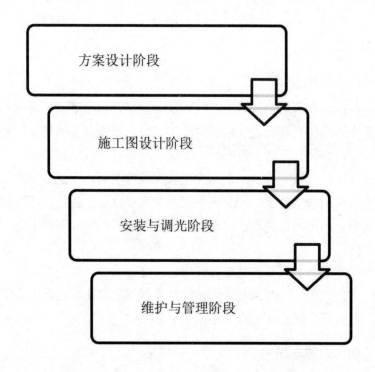

图 2-7　照明设计的一般程序

一、方案设计阶段

在方案设计阶段，设计者通过以下三种途径推进设计工作。

途径一：绘制概念设计草图，包括建筑立面草图、剖立面草图、彩色空间草图等形式，通过这样的方式，帮助设计确定照明方式、光线的分布形式、灯具与空间之间的关系。

途径二：制作等比例缩小的空间模型，通常用来考察建筑空间的自然采光特点。

途径三：利用照明设计软件模拟照明效果，鉴于利用绘画的方式表现光有一定的局限性，设计者可以借助计算机将想象中的照明效果表现出来，而且可以精确计算出光源的亮度、数量和位置。目前，国际上常用的照明设计软件包括 AGI 32、DIALux、Light Star、Lumen Micro、Autolux、Inspire 等。

注意事项：

第一，因为不同类型的空间对照度的要求不同，如果在考察空间阶段对空间的规模和功能性质了如指掌，后面就能事半功倍，例如：办公区的照度范围是 100 ~ 200 lx，而工作台的照度要求更高，在 150 ~ 300 lx 之间。

第二，考察建筑或空间的硬件环境，例如窗户的位置、电箱的位置、最大用电瓦数、吊顶的高度等客观条件。

第三，协调自然采光与人工光的关系，例如室内白天自然采光不够，需要补充人工光。在开始进行人工照明设计时，设计者已经完成关于自然光的设计方案，从舒适角度和节能角度，设计应重视对建筑空间中自然光的利用。

第四，考虑背景亮度和被照物体亮度之比。

第五，考虑所选灯具的热辐射对周围物体的影响和室温影响。

第六，在考虑照明方式时，应选择合适的方法防止眩光的产生。

第七，平均照度计算和直射照度计算。

二、施工图设计阶段

第一，在绘制灯位图时，尽可能在图纸上标出灯具的特性、控制线路和开关方式等。

第二，在确定灯具的位置时，应注意灯具与建筑墙体保持一定距离，并注意与吊顶中其他水暖电通设备的关系。

第三，在制定灯具采购表时，要注明灯具的名称、图纸的编号、灯具的类型、功率、数量、型号、生产厂家等信息，因为这个表格除了便于采购灯具，更重要的是方便将来维修与管理。

三、安装与调光阶段

第一，在绘制灯具安装详图时，以 1：5 或 1：10 的比例进行绘制，在图纸上标明所需要的光学控制技术、形状、尺寸和材料等信息，如果灯具与建筑发生关系，一定要在图纸上准确地反映灯具与建筑之间的关系。

第二，在绘制调光指示图之前，设计师应与灯具安装人员进行有效的沟通。调光指示图非常有必要，这张图有利于设计师时常从整体上协调不同区域之间的照度关系。

第三，请灯具安装人员一定要按照设计师的图纸与灯具清单来进行，如果有问题，可以在图纸上作标记，待设计师来修订。

第四，为确保最终的照明效果达到设计师所预想，设计师应在现场指挥调光。

第五，当设计师要改变照明图纸时，应提前与电气工程师、建筑师及现场监督施工的工程师进行商讨，以保证自己的照明设计构思能够变为现实。

四、维护与管理阶段

第一，制定维护计划是非常有必要的，因为一些通用型灯具的使用寿命可能因维护不当而减少，造成了资源浪费。

第二，在高大空间中的灯具维护起来需要特殊的升降设备，灯具维护人员不仅要清理好灯具，还要学习操作这些升降设备。

第三，应制作一份维护和管理的费用清单。

第三章　室内照明设计的应用研究

第一节　室内照明设计概述

光是人们生活中不可或缺的一部分，室内照明设计就是让光科学、合理并艺术化地融入人们生活、工作的场所，构建和谐、轻松、多元化的光环境空间，从而加强人与空间的交流，使人与空间的关系更为密切。

室内照明设计的目的在于让人正确识别空间内的对象和确切了解所处环境的状况，通过对空间内照度、亮度、眩光、色温、阴影及照明的稳定性等的设计与控制，营造一个实用、安全、经济、美观、环保的室内空间环境。

下面就让我们一起了解室内照明设计的目的、要求及原则，从而为创造良好的光环境打下基础。

一、室内照明设计的目的

（一）满足人的视觉需求

不同年龄对光的亮度有不同的需求，年龄越大所需要的亮度越高。不同场合人们对亮度的要求也不同，如咖啡厅、酒吧等娱乐空间通过低亮度营造悠闲、愉悦的环境氛围，满足人们放松心情的需求；办公空间要求高亮度以满足人们的正常工作需求等。因此，好的灯光设计应充分考虑人的各种需求，为其提供一个高质量的视觉环境空间。

（二）营造合适的空间氛围

由于人对特定空间有一定的客观印象，因此可以用灯光来表达空间用途，不同性质的空间需要营造不同的气氛，如娱乐场所的照明应体现动感、炫丽的轻松气氛；餐厅照明应营造干净、舒适的用餐环境。

（三）界定空间范围

利用灯光可以让人感知室内空间的边界，并对空间的范围加以界定。例如，商店内的连续空间可以运用不同的灯光分布或不同造型的灯具加以分割，让连续空间有比较明确的界定。

（四）强调空间的主次关系

在大型或连续空间中，可运用灯光明、暗的巧妙分布，让空间有明显的主从关系，使空间因光线的切割变得区域分明、层次丰富。

二、室内照明设计的要求

室内照明设计应全面考虑并恰当处理照度、亮度、眩光、色温、阴影、照明的稳定性等各项照明质量指标。每项指标的具体要求如下。

（一）合理的照度设置

照度决定受照物的明亮程度，因此照度是衡量照明质量最基本的技术指标之一。

1. 照度水平要合理

照度与人的视功能[①]有直接的联系，当空间照度低时，人的视功能会降低；反之，当照度提高时，人的视功能也随之提高。人们从事不同工作或进行不同活动时，需要不同的照度来满足各类视觉需求。例如，在视觉工作要求严格的场所要提高照度；在作业精度或速度无关紧要的场所可适当降低照度。

此外，不同的照度还会让人产生不同的心理感受，如照度过低容易造成视觉疲劳，导致精神不振，而照度过高往往会因刺激太强而诱发紧张的情绪。因此，空间照度既要保证在实际条件下进行正常活动的容易程度，又要满足放松时视环境的舒适愉悦程度，即达到人的视觉满意度。

---

① 视功能即视觉功能，主要包括光觉、色觉、形觉（视力）、动觉和对比觉（主要指夜晚的视力状况）。

2. 照度分布要均匀

为了减轻人眼对频繁适应不同照度所造成的视觉疲劳，室内照度的分布应具有一定的均匀性。根据相关规定，公共建筑的工作房间和工业建筑作业区域内的一般照明照度均匀度不应小于 0.7，而作业面邻近周围的照度均匀度不应小于 0.5 房间或场所内的通道和其他非作业区域的一般照明的照度值不宜低于作业区域一般照明照度值的 1/3。

（二）适宜的亮度分布

若室内空间各区域的亮度差别较大，人眼从一处转向另一处时，被迫需要一个适应的过程，如果这种适应过程的次数过多，就会引起视觉疲劳。因此，视野内适宜的亮度分布是视觉舒适的重要条件。

此外，为了突出空间内被观察物的重要性，应适当提高其亮度，CIE 推荐被观察物的亮度为相近环境的 3 倍时，视觉清晰度较好。

（三）限制眩光

眩光是指视野范围内由于亮度分布不合理或亮度过高所造成的视觉不适或视力减弱的现象。眩光分为不舒适眩光和失能眩光两种，在实际照明环境中，常出现不舒适眩光的情况。不舒适眩光是指在视野中由于光亮度的分布不适宜，或在空间或时间上存在着极端的亮度对比，以致引起不舒适的视觉条件。如果长时间在有不舒适眩光的环境中工作，人们会感到疲劳甚至烦躁，从而降低劳动生产率，严重的还会引发事故，造成重大损失。

为了限制不舒适眩光，可选用具有较大遮光角的灯具或具有上射光通量的灯具，也可选择合适的灯具安装高度，来改善视野内的亮度分布，从而达到限制眩光的目的。

（四）适宜的光源色温

1. 确定光源的色温

光源的色温能够塑造室内环境氛围，不同色温的光源有不同的观感效果，烘托出的环境氛围也大不相同。例如，色温小于 3300 K 的光源偏暖，能够营造温馨、舒适的环境氛围；色温在 3 300 ~ 5300 K 之间的光源为中间色调，打造明亮、宽敞的空间环境；色温大于 5300 K 的光源偏冷，烘托出凉爽、清冷的气氛。

2. 照度与色温搭配

光源照度和色温的不同搭配能够形成不同的表现效果，对照明质量产生很大的影响。例如，低照度时，低色温的光使人感到舒适、温馨，而高色温的光使人感到阴沉、寒冷；高照度时，低色温的光有刺激感，使人感到不舒服，高色温的光则使人感到轻松、愉快。因此，在低照度时宜选择低色温光源（暖光），高照度时宜选择高色温光源（冷白光）。

（五）阴影

在视觉环境中，不当的光源位置会造成不合适的透光方向，从而产生阴影。阴影会使人产生错觉，增加视力障碍，影响工作效率，严重的还会引发事故，因此，照明设计应设法避免阴影通常，可以采用改变光源位置、增加光源数量等措施消除阴影。

（六）照明的稳定性

照明的不稳定性由光源光通量的变化所致，光源光通量的变化主要是电源电压的波动引起的不稳定的照明环境不仅会分散工作人员的注意力，而且会对人的视力造成一定程度的损害。因此，在一些使用大功率用电设备的场所，应将照明供电电源与有冲击负荷①的电力供电线路分开设置，有必要时可考虑采用稳压措施，以保证照明的稳定性。

三、室内照明设计的原则

实用、安全、经济、美观和节能是室内照明设计的五大基本原则。

（一）实用性原则

实用性是室内照明设计的根本原则，也是设计的出发点和基本条件：实用性原则要求照明应达到规定的照度水平，以满足工作、学习和生活的需要在室内照明设计中，所选用的灯具类型、令照度的高低、光色的变化等，都应与使用要求相一致，以达到整体照明的实用性。

此外，室内照明设计的实用性还包括照明系统的施工安装、运行及维修

---

① 冲击负荷是指突然变化很大的负荷，具有周期性或非周期性。这类负荷对电力系统的影响较大，当其变化幅值相对于系统容量较大时，很有可能引起系统频率的连续振荡，导致电压摆动。

的方便性等。

（二）安全性原则

安全性是室内照明设计最重要的原则，应该严格按照国家现行规范的规定和要求进行设计。

一般情况下，线路、开关、灯具的设置都要采取相应的安全措施。例如，电路和配电方式要符合安全标准，在危险的地方要设置明显标识，以防止漏电、短路等引发的火灾和伤亡事故等；在选择建筑电气设备及电器时，应选择信誉好、质量有保证的厂家或品牌；应充分考虑使用环境条件（如位置、温度、湿度、有害气体、辐射等）对电器的损坏；在充分论证可行性的基础上应积极采用先进技术和先进设备。

（三）经济性原则

经济性原则包括两个方面的含义：一方面是合理、科学地布置灯具，使空间最大限度地体现实用价值和审美价值；另一方面是采用先进技术，充分发挥照明设施的实际效益，尽可能以较少的电能消耗和费用获得较好的照明效果。

（四）美观性原则

照明设计是美化室内环境和创造艺术氛围的重要手段，它既能增加空间层次，又能渲染环境气氛。在设计中，通过控制灯光的明暗、隐现、强弱、色调等，可创造温馨柔和、宁静幽雅、怡情浪漫、光辉灿烂、富丽堂皇、欢乐喜庆、节奏明快、神秘莫测、扑朔迷离等多种风格情调的空间氛围。再结合造型美观的灯具，可为空间增添丰富多彩的情趣。

（五）节能原则

节能原则要求将降低能耗、循环利用和保护生态环境作为照明设计的标准，其方法主要包括最大限度地利用建筑的自然采光条件和充分采用绿色照明理念，以达到节能、环保的目的。

四、室内常用电光源

1879 年，爱迪生发明了具有实用价值的碳丝白炽灯，标志着第一代照明光源诞生。1959 年，美国在白炽灯的基础上研发出体积和光衰极小的卤钨灯。20 世纪 30 年代，荷兰科学家开发出第一支荧光灯，随后又开发出了集镇流器于一体的紧凑型荧光灯，第二代照明光源——低气压气体放电灯诞生。

20 世纪 40—60 年代，科学家研发了以高压钠灯、高压汞灯、超高压氙灯等为代表的第三代照明光源。20 世纪 60 年代，科学家开发出第一个实用可见光 LED，随后又相继开发出各种单色光 LED，标志着以 LED 为代表的第四代照明光源诞生。近年来，LED 的光效不断提升，并突破单一颜色的限制。

（一）白炽灯

白炽灯的主要部件为灯丝、玻壳、填充气体和灯头。灯丝是白炽灯的发光部件，由钨丝制成；玻壳一般由耐高温的硬玻璃制成，其作用是保护灯丝，使灯丝与外界空气隔绝，避免因氧化而烧毁。同时，为了减少灯丝的蒸发，提高灯丝的工作温度和光效，必须在灯泡中充入合适的惰性气体，如氩氮混合气体、氪气等。灯头是内炽灯电连接和机械连接部分，按形式和用途主要分为螺口式灯头、插口式灯头、聚焦灯头和各种特种灯头。

1. 白炽灯的特点

白炽灯具有显色性好、价格低廉、适于频繁开关、便于安装等特点。但在所有的照明灯具中，白炽灯的效率是最低的，它所消耗的电能只有约 10%转化为光能，其余部分都转化为无用的热能，不仅费电，而且寿命短（白炽灯的平均寿命通常为 1000 h）。

2. 白炽灯的种类及应用范围

根据结构的不同，白炽灯可分为普通照明用白炽灯、装饰灯、反射型灯和局部照明灯四类。

（1）普通照明用白炽灯。普通照明用白炽灯是住宅、宾馆、商店等用于照明的主要光源，其玻壳有透明的、磨砂的和乳白色的。

（2）装饰灯。装饰灯的主要特点是形式多样，色彩多变。将装饰灯与室内空间的界面、造型、陈设等相配合，可在确定室内设计艺术风格、营造室内整体氛围方面起到画龙点睛的作用。

（3）反射型灯。这种灯在玻壳内装有反光体，或在玻壳的部分内表面覆以金属反射层，使光束能定向发射反射型灯适用于灯光广告、橱窗、体育场馆及展览馆等需要光线集中的场合。

（4）局部照明灯。局部照明灯的结构外形与普通照明用白炽灯相似，主要用于台灯、便携式手提灯等。

（二）卤钨灯

卤钨灯是在硬质玻璃或石英玻璃制成的白炽灯泡或灯管内充入少量卤化物，利用卤钨循环原理，以卤素作媒介，将由灯丝蒸发的附着在玻壳内壁的钨迁回灯丝，从而提高光效和使用寿命，同时消除了白炽灯的黑化现象

1. 卤钨灯的特点

卤钨灯不仅保持了白炽灯的优点，而且体积更小、光效更高、寿命更长（平均寿命为 1500～2000 h）、显色性好、聚光性强，被广泛应用于重视显色性的场所及工作室的照明但是，相对白炽灯而言，卤钨灯的价格较高、耐震性较差，不适用于震动的环境及易燃易爆或灰尘较多的场合。

2. 卤钨灯的应用范围

卤钨灯广泛用于舞台、橱窗、展厅等需要控制光束的场合，如博物馆、纪念馆的展品照明，商店贵重物品、工艺品的展示照明，商场和百货公司柜台、货架的定向照明，饭店、宾馆等处的走廊、电梯照明及住宅空间的室内装饰照明等。

（三）荧光灯

1. 荧光灯的特点

与白炽灯相比，荧光灯具有发光效率高、光色宜人且品种众多、显色性好和寿命长（平均寿命为 3000～5000 h）等优点。因此，荧光灯在大部分的室内照明中取代了白炽灯。荧光灯应用广泛，类型较多，常见的有直管型荧光灯、环形荧光灯和紧凑型荧光灯等。

2. 荧光灯种类及应用范围

（1）按管型分。

直管型荧光灯。

直管型荧光灯属双端荧光灯，常见标称功率有 4W、6W、8W、12W、15W、20W、30W、36W、40W、65W、80W、85W、125W 等，管径规格主要有 T5、T8、T10、T12 等几种（T5 和 T8 最常用），灯头规格主要有 G5 和 G13 两种。

T5 型荧光灯的显色指数通常大于 30，显色性好，对色彩丰富的物品及环境有比较理想的照明效果，光衰小，寿命长，平均寿命达 10000 h。适用于追求色彩绚丽的空间，如服装店、百货商场、超级市场等。

T8 型荧光灯的显色、亮度、节能都较佳，且寿命长，适用于追求色彩朴素但要求亮度高的空间，如宾馆、办公室、商店、医院、图书馆、住宅等。

环形荧光灯。

除形状不同外，环形荧光灯与直管形荧光灯没有太大差别。其常见标称功率有 22 W、32 W、40 W。灯头规格一般为 G10。环形荧光灯主要用作吸顶灯、吊灯等灯具的配套光源，供家庭、商场等照明用。

单端紧凑型荧光灯。

单端紧凑型荧光灯的灯管、镇流器和灯头紧密地联成一体（镇流器放在灯头内），故被称为"紧凑型"荧光灯。紧凑型荧光灯具有光效高、显色性好、光衰小、发光稳定、寿命长等优点。整个灯通过 E27 等灯头直接与供电网连接，可直接取代白炽灯。这种荧光灯大都使用稀土元素三基色荧光粉，因而具有很好的节能效果。

（2）按光色分。

根据色温的不同，荧光灯大致分为以下几类：①色温为 6500 K 的荧光灯（月光色），这类荧光灯多用于办公室、会议室、设计工作室、阅览室、展览展示空间等，给人以明亮自然的感觉；②色温为 4300 K 的荧光灯（冷白色），这类荧光灯多用于商店、医院、候车厅、地铁站等室内空间，给人以安宁的感觉；③色温为 2900 K 的荧光灯（暖白色），这类荧光灯多用于客厅、卧室、餐厅等室内空间，给人以温馨的感觉。

（四）金属卤化物灯

金属卤化物灯又称金卤灯，它是在汞和稀有金属的卤化物混合蒸气中产生电弧放电发光的放电灯。金卤灯是在高压汞灯基础上添加各种金属卤化物制成的第三代光源，其灯泡由一个透明的玻璃外壳和一根耐高温的石英玻璃放电内管组成。壳管之间充氢气或惰性气体，内管充惰性气体。放电管内除汞外，还含有一种或多种金属卤化物（碘化钠、碘化铟、碘化铊等）卤化物在灯泡正常工作状态下被电子激发，发出与天然光谱相近的可见光。

1. 金卤灯的特点

金卤灯具有体积小、功率大（250 ~ 2000 W）、发光效率高、显色性好、寿命长（平均寿命为 6 000 ～ 16000 h）、性能稳定等优点。

2. 金属卤化物灯的种类及应用范围

金卤灯的结构形式多样，可分为单泡壳双端型、双泡壳双端型、双泡壳单端型和陶瓷电弧管金卤灯等。其中，常用作室内照明光源的是双泡壳单端型和陶瓷电弧管金卤灯。

（1）双泡壳单端型金卤灯。双泡壳单端型金卤灯的外壳有管状透明外壳和荧光粉椭球形外壳两种。在管状透明外壳金卤灯中，当电弧管中填充稀土金属卤化物时，70 W 和 150 W 两种灯的色温为 4000 K，显色指数分别为 80 和 85，常被用于室内展示和重点照明；当充入的气体是钪、钠金属卤化物时，光源色温为 4 000 K，显色指数为 60，室内外都可用。在涂有荧光粉椭球形外壳金卤灯的电弧管中充入钠、铊、铟卤化物的金卤灯，功率为 250 W 和 400W，色温为 4300K，显色指数为 68，常用于室外照明和大型室内照明，如体育场。

（2）陶瓷电弧管金卤灯。陶瓷电弧管金卤灯是采用半透明陶瓷作为电弧管的金卤灯。由于陶瓷管能耐更高的温度，因此，陶瓷金卤灯比其他金卤灯化学性质更稳定，且光效高、亮度高、显色指数高、寿命长，是大型空间照明的优选光源。

（五）发光二极管（LED）

发光二极管（LED）是一种能够将电能转化为可见光的固态半导体器件。LED 的心脏是一个半导体晶片，晶片的一端是负极，附在一个支架上，另一端是连接电源的正极，整个晶片被环氧树脂封装起来。

1. LED 的特点

（1）灯体小巧。由于 LED 灯将小巧、精细的 LED 晶片封装在透明的环氧树脂里面，因而 LED 灯的灯体较小。

（2）能耗低。LED 消耗的电不超过 0.1 W，消耗的电能比相同光效的白炽灯减少 90% 以上，比节能灯减少 70% 以上。

（3）坚固耐用。LED 是用环氧树脂封装的采用半导体发光的固体光源，是一种实心的全固体结构，能经受震动、冲击而不受损坏，适用于条件较为苛刻和恶劣的场所。

（4）寿命长。在恰当的电流和电压下，LED 灯的使用寿命可达 100000 h，较其他类型灯具有更长的使用寿命。

（5）安全低电压。LED 灯使用低压的直流电源，供电电压为 6 ~ 24 V（根据产品不同而有所差异）。

（6）适用范围广。LED 灯体积小巧，每个 LED 单元通常是 3 ~ 5 mm 的正方形或圆形，所以更适合制备造型和工艺复杂的器件，如软的、可弯曲的灯管、灯带、异型灯花等。

（7）色彩丰富。LED 是数字控制，发光芯片能发出多种颜色，通过系统控制可实现红、黄、蓝、绿、橙多色发光。

（8）环境污染少。LED 不含金属汞，不会对环境造成污染。

（9）价格相对较高。与白炽灯相比，LED 灯具的价格要贵一些。

2. LED 的应用范围

随着 LED 技术的提高，其形式和安装方式已经与传统光源没有区别。因其具有良好的性能，故被广泛用于各种场所的室内照明，如工厂、商场、展厅、宾馆、酒店、酒吧、舞厅、医院、学校、住宅等，尤其适用于重点照明和装饰照明。

五、室内照明设计基本流程

照明设计应与建筑设计、室内设计一样，贯穿整个项目的始终。

在项目的初始阶段开始着手准备，在整个设计过程中不断地与建筑师、室内设计师、委托方等人员进行交流与沟通。由于每个项目都各有侧重，照明设计的具体流程并不总是那么容易确定，但其基本流程可适用于大多数项目，基本流程主要包括以下五个阶段：概念方案设计阶段、深化方案设计阶段、施工图绘制阶段、照明调试阶段和维护管理阶段。

每个照明项目的设计总是通过不断修改，愈发细化，直至完善，以达到设计者和委托方共同期望的效果。

室内照明设计的基本流程如下：

（一）概念方案设计阶段

1. 项目调研

在拿到项目之后，着手设计之前，要对项目各方面进行深入的勘察和了解。勘察的内容一般包括建筑的结构、室内空间的尺度、空间的功能分区和周边的环境等。

此外，照明设计师还要询问业主的需求，以及参与项目的建筑师和室内设计师的设计理念等。在完成这些调研之后，总结成报告（包括文字资料和图纸资料），与设计队共同分析，以便对空间照明进行整体规划。

2. 初步确立设计理念

在收集、整理和分析图纸资料后，提出初步的照明理念并进行图文说明。

3. 预算造价

根据初步的设计理念，估算工程的总用电负荷及照明工程总造价。

（二）深化方案设计阶段

在完成理念设计并与业主达成一致意见后，开始进入深化方案设计阶段。本阶段的主要任务是深化设计理念，对设计方案进行分析与细部设计。

1. 分析照明方案

根据相关规范和标准、空间功能、家具及装饰材料的光反射率等条件，对照明设计方案进行分析论证，并出具必要的照度分析说明。

2. 选择光源与灯具

根据空间的尺度、功能及所要营造的氛围，确定光源的种类、形式（点光源、线光源、面光源）及灯具的类型。

3. 绘制设计方案

在确定方案后，开始绘制设计方案，主要包括灯具扩初阶段（扩初意为扩大初步设计，扩初阶段是界于方案和施工图之间的过程）的布置草图、主要区域照明灯具安装示意图、照明效果表现图等同时，还要出具灯具选型意向表、灯具数量清单、照明总用电负荷及照明工程总造价预算表、照度分析资料和文字解说资料等。

（三）施工图绘制阶段

在前面两个阶段的基础上，要进一步优化设计方案，进行方案的可行性调整。在和委托方及安装施工方协调一致后，出具可进行施工的整套电气施工图纸。其内容主要包括：

1. 照明施工图

照明施工图包括灯具布置图、灯具定位尺寸图、开关布置图、安装节点或预埋件 ① 图、照明回路图、照明电气箱及管线布置图、照明控制电气系统图等。

2. 灯具参数

对于有特殊要求的灯具，需要提供灯具参数资料，其内容主要包括所用灯具的品牌、尺寸、功率、配光、色温、材质、电气安全等级等。

（四）照明调试阶段

照明调试即调光，是对由灯具出射的光的强度和照射方向进行调整，调光通常是在工程大体完成之时，向委托方交工之前进行的，属于照明设计的后期工作。该阶段需要照明设计师到现场亲自指挥作业，并予以确认。调光多用于商业照明设计和工业照明设计等大型项目中，一般住宅照明设计不需要进行调光。

（五）维护管理阶段

照明工程建设完成之后，光源和灯具必须经常进行维护，以确保它们能正常工作，并长期保持良好的照明效果，因此，需要向管理者、使用者说明如何正常使用和维护照明工程。该说明多以维护管理手册的形式出现，手册中应包括使用说明、管理方法及产品资料等。

六、室内照明设计方法

光环境是影响室内环境的重要因素。随着人们生活水平的不断提高，人们对所处环境的要求也越来越高，如何合理利用天然光和人工照明，如何充分利用天然光以达到节能目的，如何减少人造光对环境的污染和能源消耗等问题，逐渐成为室内照明设计的重点。

照明设计不仅能够照亮空间，而且可以营造不同的空间意境和情调，丰富人们的视觉感受。例如，同样的空间，如果采用不同的照明方式、不同角度和方向的光、不同的灯具造型及不同的光照强度和色彩，便可获得不同的

---

① 预埋件是指预先安装（埋藏）在隐蔽工程内的构件。

视觉感受，如宽敞明亮、晦暗压抑、温馨舒适、阴冷不安等。

（一）室内光环境的运用

自然采光和人工照明是室内光环境的两大组成部分，是保证人类从事各种室内活动不可或缺的要素。

自然光是室内空间中最为灵活的设计元素。自然光在不同的时间、季节和空间中，通过直射、透射、反射、折射、吸收等多种方式，使室内产生不同的光效果，塑造出丰富多彩的空间美感。

如今，随着建筑密度的增加，建筑体量的扩大和建筑形态的多样化，自然采光已无法满足各种功能空间的照明需求，需要通过人工照明加以补充。因此，人工照明逐渐成为补充自然采光和提供夜间照明的重要手段。

1. 充分利用自然光

作为光环境设计中最具有表现力的因素之一，自然光越来越受到人们的重视。充分利用天然光不仅可以节约能源，而且使人们在视觉上更为习惯和舒适，心理上更能与自然亲近。

在建筑空间中，自然光主要通过采光口被引入室内，因此采光口的大小、位置、构造及形式决定了光的表现效果。按照所处的位置和布置形式，采光口可分为侧面采光和顶部采光两种。如今，随着科技的不断发展，一些新型采光方式也随之问世，为室内自然采光提供了更完善的设计手段。

（1）侧面采光。

侧面采光是在房间外墙上开的采光口（窗户），其构造简单，不受建筑物层数的限制，且布置方便，造价低廉，是室内最常见的一种采光形式。侧面采光的光线具有明确的方向性，有利于形成光影，能够塑造特殊的光照效果。但是，侧面采光只能保证房间内有限进深的采光要求（一般不超过窗高的 2 倍），更深处则需要人工照明加以补充。

侧面采光口一般设置在距离地面 1 m 左右的高度。由于侧窗的位置较低，太阳光直射进入室内容易形成眩光，因此，可采用水平挡板、窗帘、百叶、绿植等方法加以遮挡，以减少眩光。在某些场合，为了利用更多墙面（如展厅为了争取更多展览面积）或提高房间深处的照度（如大型厂房等），通常会将采光口的位置提高到距地 2 m 以上的位置，被称为高侧窗。

（2）顶部采光。

顶部采光是在建筑顶部设置采光口的形式，其光线自上而下，照度分布均匀，采光效率高，常用于大型车间、大型厂房、大型商场、机场等场所。由于顶部采光的光源多为太阳直射光，容易产生眩光，而且建筑顶部有障碍物时，射向室内的部分光线会被遮挡，导致室内照度急剧下降，从而影响采光效果。

（3）新型采光方式。

随着社会和现代科学技术的发展，出现了许多新型采光方式，如镜面反射采光、导光管采光、光纤采光等。

第一，镜面反射采光。

镜面反射采光是利用几何光学原理，通过平面或曲面的反光镜，将太阳光经一次或多次反射送到室内需要照明的地方。利用该方法可提高房间深处的亮度和均匀度。

镜面反射采光法通常有两种做法：一种是在建筑南向窗户底部外墙安装镜面（呈10°向上倾斜），利用镜面的反射将太阳光反射到室内天棚后漫射来照亮室内空间。另一种是将平面或曲面反光镜安装在跟踪太阳的装置上，作为定日镜，经一次或多次反射将光线送到室内需采光的区域。

第二，导光管采光。

导光管采光主要由集光器、导光管和漫射器三部分组成。该方式是利用室外的自然光线通过集光器导入系统内进行重新分配，再经特殊制作的导光管传输和强化后，由系统底部的漫射装置把自然光均匀高效地照射到室内。

集光器主要有被动式和主动式两种。被动式集光器多为半球形透明结构，内部可装设棱镜以提高采光效率；主动式集光器主要指定日镜，可自动跟踪太阳以提高采光效率。

值得注意的是，导光管主要有金属反射型、非金属反射型、透镜组型和棱镜型四种。目前，应用最广泛的是金属反射型导光管，其原理是在玻璃或塑料上镀一层高反射率的金属涂层，通过多次反射将光传送到需要照明的空间。漫射器的作用主要是将收集到的光线进行重新分配，通常采用凹透镜制成的漫射器把光传输到需要照明的地方。

导光管采光方式适用于新建建筑，该系统必须安装在顶棚，对平层建筑的采光有较大帮助，高层建筑则无法使用。

第三，光纤采光。

光纤采光与导光管采光的最大区别是光传输元件的不同，光纤采光是采用光导纤维传输光束。光导纤维传输光束能够减少光在传输过程中的能量损失，大大提高输出端的辐射光的能量，同时更便于安装和维护。

光纤采光的原理是利用菲涅尔透镜或凸透镜等聚光镜将太阳光收集后，使用分光原理将阳光中的不利成分（红外线、紫外线及有害射线等）消除，再用光纤耦合器将光导入光纤中，经过一定距离的传输实现室内照明。

光纤利用全反射原理传输光能，其损耗小，布设方便，新旧建筑均可使用，且不受房间位置、窗户方位等条件的限制，但其成本较高，光线耦合进入光纤需满足一定的耦合条件。

2. 合理组织人工照明

随着建筑密度的增加、建筑体量的增大和形态的多样化，建筑的自然采光受到不同程度的影响。因此，人工照明成为补充自然采光和提供夜间照明的重要手段。

人工照明作为室内光环境的重要组成部分，兼具功能性和装饰性双重作用。从功能角度讲，人工照明要满足人们对照明的基本要求。从装饰角度讲，人工照明要塑造具有审美趣味的环境氛围，以满足人们的心理需求。

根据建筑功能不同，人工照明的功能性与装饰性所占比重也各不相同。例如，在工厂、学校、办公空间等工作场所，人工照明应侧重考虑其功能性，而在商场、娱乐空间等休闲场所，人工照明应侧重考虑其艺术效果。因此，人工照明设计要综合考虑多方面因素，合理选择和组织照明方式。

（二）人工照明方式

从控制光环境的角度来说，人工照明既要满足基本的照明要求，又要塑造具有审美趣味的环境氛围。而要达到此目的，就必须选择合适的照明方式，并据此合理选用和布置灯具。

室内空间使用功能不同，照度分布方式的要求也不相同。因此，照明设计师要对空间的功能性质进行分析，然后选择最合理的照明方式。

按照空间照度分布的差异，照明方式通常可分为一般照明、分区一般照明、局部照明和混合照明四种。

1. 一般照明

为照亮整个空间而采用的照明方式被称为一般照明。一般照明是将若干灯具均匀地布置在顶面，形成统一的光线和均匀的照度。一般照明在同一视场内采用的灯具种类较少，使空间显得稳定、平静。一般照明适用于无确定工作区或工作区分布密度较大的室内空间，如办公室、会议室、教室、等候厅等。

由于一般照明不是针对某一具体区域，而是为整个视场提供照明，所以总功率较大，容易造成能源的浪费。因此，要对一般照明进行适当的控光设置，如通过分路控制的方式，根据时段或工作需要确定开启数量，以有效降低能耗。

2. 分区一般照明

当空间内某一区域的照度要区别于一般照明的照度时，可采用分区一般照明，即根据特定区域的需要，进行单独的照明设计。例如，商场需要利用灯光对店铺进行分区，且不同店铺对于照明的照度要求也不同，这时就要采用分区一般照明方式。

分区一般照明不仅可以改善照明质量，满足不同区域的功能需求，而且可以创造多层次的空间环境，形成丰富的室内光环境效果。

3. 局部照明

局部照明是为照亮工作点（通常限制在很小范围内，如工作台面）或突出被观察物而专门设置的照明，其亮度要高于空间内一般照明的亮度。

4. 混合照明

混合照明是在同一空间内，同时使用一般照明与局部照明的照明方式。混合照明实质上是以一般照明为基础，在需要特殊光线的地方额外布置局部照明的方式。混合照明能够增强空间层次感、明确区域功能性，它广泛应用于功能相对复杂、要求装饰效果丰富的室内空间。

（三）绿色照明与节能照明

绿色照明不同于传统意义上的照明，它涵盖环保、安全、舒适、高效节能4项指标。安全、舒适是指光照清晰、柔和，不产生紫外线、眩光等有害光线，不产生光污染。高效节能是指以消耗较少的电能获得充足的照明，从而减少大气污染物的排放，达到环保的目的。

1. 绿色照明

绿色照明是指通过科学的照明设计，采用光效高、寿命长、安全且性能稳定的照明产品改善人们工作、学习、生活的条件和质量，从而创造一个高效、舒适、安全、经济、有益的环境，是一种充分体现现代文明的照明方式。

2. 节能照明

《中华人民共和国节约能源法》中对"节能"的定义是："加强用能管理，采取技术上可行、经济上合理以及环境和社会可以承受的措施，减少从能源生产到消费各个环节中的损失和浪费，更加有效、合理地利用能源。"

（1）节能照明的原则。节能照明是绿色照明工程不可或缺的一部分。通过采用高效节能的照明产品、提高照明质量和优化照明设计，节能目标得以实现。国际照明委员会提出了九条节电原则：①根据照明需求确定适当的照明水平，确保在满足需求的前提下最小化能耗；②采用节能照明设计来满足所需照度；③选择合适的光源以确保高光效和良好的显色性；④使用高效率并且不产生眩光的灯具也是必要的；⑤在室内使用高反射率材料作为表面材质，以提高室内照明效果；⑥将照明系统和空调系统结合运行，达到能效的提升；⑦安装智能控制装置是另一个重要措施，可以实现在不需要灯光时的自动关闭，进一步减少能耗；⑧为了综合利用人工照明和天然采光，减少眩光和亮度差异，必须进行合理的照明和窗户布局，优化室内光线分布；⑨定期清洁照明器具和室内表面，并建立维修和更换灯具的制度，以确保设备处于良好状态并延长使用寿命。这九条原则的实施将不仅降低能源消耗，也对环境保护起到积极作用，促进可持续发展。

（2）节能照明的主要技术措施。

第一，正确选择照明标准值。《建筑照明设计标准》（GB 50034—2013）规定，为了节约电能，在照明设计时，应根据工作、生产、学习和生活对视觉的要求确定照度，具体要根据识别对象大小、亮度对比及作业时间长短、识别速度、识别对象是静态或动态、视看距离、视看者的年龄大小等因素确定照度。在新的照明标准中，根据视觉工作的特殊要求及建筑等级和功能的不同，照度标准值分级只能提高或降低一级。此外，该标准还规定了设计的照度值与照度标准可有 ±10 的误差。

第二，合理选择照明方式。在满足标准照度的情况下，为了节约电能，选择适当的照明方式至关重要。可供选择的方式包括一般照明、局部照明或混合照明。然而，对于需要进行精细视觉工作的场所，比如机械加工车间，采用一般照明方式很难满足所需的照度要求。相反，通过在每个车床上安装局部照明光源，可以以较少的电能达到较高的照度水平。因此，对于机械加工车间而言，采用局部照明方式更加合适。这种做法既能提供所需的照明效果，又能有效地节约能源。

第三，合理使用高光效照明光源。选择光源首先要考虑光源的光效，常用光源的光效由高到低的排列顺序如下：低压钠灯、高乐钠灯、金属卤化物灯、三基色荧光灯、普通荧光灯、紧凑型荧光灯、高压汞灯、卤钨灯、普通白炽灯。除此之外，还要考虑光源的显色性、色温、使用寿命、性能价格比等指标。①减少使用白炽灯。白炽灯具有安装方便、价格低廉等优势，其缺点是光效低、寿命短、耗电多等，因此，白炽灯目前已被各种发光率高、光色好、显色性能优异的新光源取代。例如，用卤钨灯取代普通照明白炽灯，可节电50% ~ 60%；用自镇流荧光灯 [①] 取代白炽灯，可节电70% ~ 80%；用直管型荧光灯取代白炽灯，可节电70% ~ 90%。②推广使用细管径（≤ 26 mm）的T8或T5直管型荧光灯或紧凑型荧光灯。其中，细管径直管型荧光灯具有光效高、启动快、显色性好等优点；紧凑型荧光灯具有光效高、寿命长、显色性好、安装简便等优点。随着生产技术的发展，目前已有H形、U形、螺旋形及外形接近普通白炽灯的梨形荧光灯。③大力推广使用高压钠灯和金属卤化物灯。④逐步减少使用高压汞灯。⑤扩大使用发光二极管（LED）。LED具有寿命长、光利用率高、耐震、低电压、显色性好、省电等优点，应大量推广使用。⑥选用符合节能评价值的光源。目前，我国已制定了双端荧光灯、单端荧光灯、自镇流荧光灯、高压钠灯及金属卤化物灯的能效标准。

第四，合理选用高效节能灯具。①选用高效率灯具。在满足眩光限制、配光要求、减少光污染的条件下，荧光灯的灯具效率不应低于75%（开敞式灯具）、65%（带透明保护罩的灯具）、60%（带格栅的灯具）和55%（带磨砂或棱镜保护罩的灯具）。高强度气体放电灯的灯具效率不应低于75%（开敞式灯具）、65%（泛光灯具）、60%（带格栅或透光罩灯具）。间接照明灯具（荧光灯或高强度气体放电灯）的灯具效率不宜低于80%。高强度气体放电灯的灯具效率不应低于55%（带格栅或透光罩灯具）。②选用控光合理的灯具。根据使用场所条件，采用控光合理的灯具，使灯具射出光线尽量全部照在使用场地上。③选用光通量维持率高的灯具，以及灯具反射器表面的反射比高、透光罩的透射比高的灯具，可以有效推迟灯具的老化，提高灯具效率。④选用光利用系数高的灯具，可以使灯具发射出的光通量最大限度地照

---

① 自镇流荧光灯的工作原理：荧光灯管壁的荧光粉在电子的轰击下发光。其光色接近日光，可通过添加稀土元素提高其发光效率。

在工作面上。灯具的利用系数值取决于灯具效率、灯具配光、室空间比[①]和室内表面装修色彩等。⑤采用照明与空调一体化灯具。这种灯具又称空调灯盘，多以荧光灯作为光源。它在结构上将空调的出入风口与照明灯具统一考虑。在夏季，灯具产生的热量可排出 50% ～ 60% 以减少空调制冷负荷 20%；在冬季，可利用灯具排出的热量降低供暖负荷。采用照明与空调一体化灯具，可节能约 10%。

第五，正确选择照明控制方式。首先，在一些智能建筑空间，可采用调光、调压等自控措施以节约电能。其次，每个开关控制的灯具数量尽量少一些，既利于节能，又便于维修。通常，较小的房间每个开关可控 1 ～ 2 个灯具，中等大小房间每个开关可控 3 ～ 4 个灯具，较大房间每个开关可控 4 ～ 6 个灯具。

第六，充分利用天然光。为了达到节能的目的，建筑物应充分利用天然光。为此，可将室内的门窗开大（如使用落地窗），采用透光率较好的玻璃门窗，将天然光最大限度地引入室内。另外，合理使用人工照明与天然采光，不仅能节约大量能源，而且能为室内提供舒适的视觉环境。

（四）应急照明

应急照明是工业和民用建筑照明设施的重要组成部分，对人身安全以及建筑物和设备的安全起着密切的关联作用。当正常照明系统发生故障时，应急照明能够提供照明功能，用于确保人员安全疏散、保障安全或继续工作。应急照明通常分为备用照明、疏散照明和安全照明三类。

1. 备用照明

当正常照明遭遇故障时，为了保证工作和活动的继续进行，需要设置备用照明。在选择备用照明时，照度值是一个重要考虑因素，通常应不低于场所一般照明照度值的 10%。然而，备用照明的照度值可能需要根据具体条件、持续性和特殊需求进行调整，因为不同的场所和需求可能有所不同。举个例子，医院手术室内的手术台由于操作的重要性、精细性和长时间工作的特点，其应急照明的照度应与正常照明相同，以确保医务人员的工作环境和患者的安全。因此，在配置备用照明时，需要综合考虑场所特点和需求，以提供适

---

① 室空间比是表征房间几何形状的数值。

当的照明。

（1）需要装设的场所。

第一，在断电事件中，可能发生多种严重事故，如火灾、爆炸或中毒，对各类生产场所产生直接影响。特别是油漆、化工、石油、塑料制品、炸药和溶剂等部门，它们的生产过程通常涉及高风险因素，一旦断电就可能导致灾难性后果。

第二，断电还会引发生产流程的混乱，可能导致生产设备的损坏以及贵重材料的浪费。这对于化工、石油、冶金、航空等工业的相关操作区来说是非常严重的问题，可能会导致生产线的瘫痪，带来巨大的经济损失。

第三，断电造成的照明熄灭更是一项令人担忧的影响。重要场所如指挥中心、通信中心、电力调度中心、交通枢纽等，在照明熄灭后可能会陷入政治和经济损失的困境。在紧急情况下，失去照明可能会阻碍人们做出正确的决策，导致事态进一步恶化。

第四，照明熄灭也对消防工作产生负面影响。消防控制室、消防泵房等在断电后失去功能，可能无法有效进行消防救援和控制火势，使火灾得不到及时控制，造成更大的灾害。

第五，地下建筑如地铁站、地下商场和娱乐场所等，一旦发生照明熄灭，将无法继续营运、工作和生产。这不仅会影响日常经营，还可能使人们陷入危险和混乱的境地。

第六，照明熄灭还可能为不法分子提供可乘之机。一旦黑暗降临，现金和贵重物品易于被窃取，从而危及银行、商场等场所的安全。这种不安全因素可能导致人们失去对公共场所的信心，进而影响社会秩序和经济稳定。

（2）装设要求。

第一，利用正常照明的一部分甚至全部作为备用照明，以减少额外灯具安装方面，这项措施旨在提高能源利用效率和降低成本。通过合理规划和设计，可以确保在电力故障或其他紧急情况下依然保持良好的照明条件，不至于造成严重的灯光不足。

第二，特别重要的场所，如大会堂、国宾馆等，备用照明要求与正常照明的照度相近。为了实现这一目标，应采用与正常照明相同类型的灯具，并确保备用照明灯具在电源故障时能够自动切换到应急电源。这样一来，即使在电力供应中断时，重要场所也能保持良好的照明效果，确保活动的正常进行，并为紧急情况提供必要的照明支持。

第三，对于重要部位或特定生产操作地点，如操纵台、控制屏等，只需备用照明来照亮这些区域即可。为了实现这一目标，可以从正常照明中分出一部分灯具来供应急电源使用。这样，即使其他区域的正常照明受到影响，关键部位和操作地点仍然能够获得足够的照明，确保生产运作的连续性和安全性。

2. 安全照明

当正常照明因故障熄灭后，需确保处于潜在危险中的人员安全的场所应设置安全照明。安全照明的照度值不应低于该场所一般照明照度值的5%。

（1）需要装设的场所：①照明熄灭可能危及操作人员或其他人员安全的生产场地或设备间。②高层公共建筑的电梯内。③医院的手术室、危重患者的抢救室等。

（2）装设要求。安全照明往往是为某一个工作区域或某个设备需要而设置的，一般不要求整个房间或场所具有均匀的安全照明，而是重点照亮某个或几个设备区、工作区。根据情况，安全照明可利用正常照明的一部分或专为某个设备、区域单独装设。

当正常照明因故障熄灭后，对于需确保人员安全疏散的出口和通道，应设置疏散照明。

3. 疏散照明

（1）疏散照明的功能。一是能够明确、清晰地指示疏散路线及出口或应急出口的位置。二是为疏散通道提供必要的照明，保证人员能向出口或应急出口安全行进。三是能使人们快速看到沿疏散设置的火警呼叫设备和消防设施。

（2）需要装设的场所。①人员密集的公共建筑，如大会堂、剧场、电影院、文化宫、体育场馆、展览馆、博物馆、美术馆、候机楼、大中型候车厅、大中型商场、大中型医院、学校等。②大中型旅馆及餐饮建筑。③高层建筑，特别是高层公共建筑。④人员众多的地下建筑，如地铁车站、地下商场、地下旅馆、地下娱乐场所、人防建筑、其他地下公共建筑、大面积无天然采光的工业厂房等。⑤特别重要的、人员众多的大型工业生产厂房等。⑥公共建筑内的疏散走道和居住建筑内长度超过20 m的内走道，距离最近安全出口大于20 m或不在人员视线范围内时，应设置疏散指示标志照明。

（3）疏散照明的布置。

一是出口标志灯的布置。

装设部位：建筑物通向室外的出口和应急出口处；多层、高层建筑的各楼层通向楼梯间的一侧；公共建筑中人员聚集的观众厅、会议室、展览厅、休息厅的出口等。

装设要求：出口标志灯应装在上述出口门的内侧，且通常装设在出口门的上方。当门过高时，应装在门侧边。安装高度离地面 2.2 ～ 2.5 m 为宜。此外，出口标志灯的标志面的法线应与沿疏散通道行进人员的视线平行。出口标志灯一般在墙上明装，有时也可根据建筑需要嵌墙暗装。

二是指向标志灯的布置。

装设部位：在疏散通道的各个部位，若不能直接看到出口标志，或距离太远，难以辨认出口标志时，应在疏散通道的适当位置装设指向标志灯，以指明疏散方向；当人员疏散到指向标志处时，应能看清出口标志，否则要再增加指向标志灯。指示灯通常安装在疏散通道的拐弯处或交叉处。当疏散通道太长时，中间应增加指向标志灯，且指向标志灯的间距不宜超过 20 m。对于高层建筑的楼梯间，还应在各层设指示楼层层数的标志。此外，指向标志灯应尽量和疏散照明灯结合考虑，并可兼作疏散照明灯使用。

装设要求：指向标志灯通常安装在疏散通道的侧面墙上，或通道拐弯处的外侧墙上。安装高度应离地面 1 m 以下，也可安装在 2.2 ～ 2.5 m 处。当安装在 1 m 以下时，灯外壳应有防止碰撞等机械损伤和防触电的装置。此外，标志灯应嵌墙安装，突出墙面不宜超过 50 mm，灯角应为圆角。

第二节　住宅空间照明设计

在住宅空间中，光不仅仅是照亮空间的基础条件，而且也是表达空间形态、营造环境氛围的基本元素。因此，住宅空间照明设计要综合考虑多方面因素，既要利于人的活动安全，又要为人们提供舒适的生活环境。通常，住宅空间的照明设计要求可概括为以下方面：①视不同的活动或工作需要，对照度予以合理配置，以创造良好的视觉环境；②应尽量避免眩光、强光和相差悬殊的亮度比，以防止视觉疲劳和产生不良的心理效果；③要能反映出室内结构的轮廓、空间层次和室内家具及装饰物的立体感；④可以利用光照显现出织物或建筑材料的表面纹理，以体现室内装饰及色彩的美感，传达出室内特殊的装饰风格。

一、住宅照明的基本要求

住宅是人们居家生活的主要空间，其环境质量直接影响人们的生活质量。随着经济的发展和居住条件的改善，过去单一的照明已无法满足人们对住宅空间中视觉功能和精神功能的多层面要求。因此，照明设计一方面要通过控制光源位置、颜色和强度等技术手段，来满足空间的功能性照明要求；另一方面，要利用灯具的造型、材质、色彩并与家具及其他陈设密切配合，以迎合室内空间的设计风格，创造出既丰富多样又舒适和谐的室内照明环境。

下面从照度设置、亮度分布、光线色调、照明灯具的选择等方面来了解住宅照明的基本要求。

（一）合理的照度设置

住宅空间照明设计要充分考虑居家活动的多样性，以保证人们饮食起居、文化娱乐、工作学习、家务劳动、迎宾待客等多种活动的正常进行，因此，各空间的照度要根据其具体功能及要求来确定。表 3-1 给出了居住空间各区域的照度标准值。[①]

表 3-1　居住空间各区域照度标准值

房间或场所		参考平面及其高度	照度标准值 /lx
客厅	一般活动	0.75 m 水平面	100
	书写、阅读		300
卧室	一般活动	0.75 m 水平面	75
	床头、阅读		150
餐厅		0.75 m 餐桌面	150
厨房	一般活动	0.75 m 水平面	100
	操作台	台面	150
卫生间		0.75 m 水平面	100

注：当房间内需要多种照度时，宜用混合照明。

---

① 鲍亚飞，熊杰，赵学凯. 室内照明设计 [M]. 镇江：江苏大学出版社，2018：114.

此外，空间照度还应考虑不同年龄段的人的需求。通常，老年人由于视力减退，需要较高的照度，而年轻人对照度的要求相对低些。

（二）适宜的亮度分布

住宅空间不仅功能复杂，房间大小也有较大的差别。因此，要创造一个舒适的光环境，住宅各处的亮度不宜均匀分布。亮度分布过于均匀，会使空间缺乏层次感和节奏感而显得呆板单调，但也要注意避免出现极明（眩光）或极暗（阴影）的现象。同时，还要注意主要空间和附属空间的亮度平衡和主次关系，如作为附属空间的过道和走廊的亮度不宜过高。

对于较小的房间，可采用均匀照度，而对于较大的房间，应突出照明重点。此外，儿童和老年人房间的亮度可适当提高，因为儿童活动的随机性较强，而老年人的视力一般不太好，反应能力较差，活动的灵活性欠佳，均需要较高的亮度来保障其安全。

客厅可以设置较高的亮度，以使人精神愉快，从而营造欢乐和谐的气氛。卧室的整体亮度可以偏低，通过床头灯、落地灯、镜前灯等来提高局部亮度，既可以使人感觉宁静、舒适，又能保证阅读、化妆等使用功能。

另外，亮度对比要适当。工作区、工作区周围和工作区背景之间的亮度比对不宜过大，否则会引起人的视觉不适，使人产生视觉疲劳，还易造成眩光。一般来说，工作区与工作区周围亮度比不应超过 4 倍。

光线有冷色调、中性色调和暖色调之分。一般来讲，冷色调光环境适合阅读、家务劳动等活动，暖色调光环境适合用餐、休闲娱乐、休息等活动。

（三）照明灯具的选择

住宅照明灯具的选择应考虑性价比，即对灯具的光效、装饰效果及价格进行综合评定。市场上的灯具种类繁多，在选择时，一方面要满足住宅的照明要求，另一方面还要与室内空间的体量、风格、色彩和肌理等相搭配，以反映主人的审美情趣和品位修养。

此外，在住宅照明设计中，绿色照明与节能照明也不容忽视。可通过控制灯具的数量或选择灵活控制光源亮度的灯具等方式，达到节能的目的。同时，为了节省费用，住宅照明不仅应在设计及安装上尽可能地减少费用，而且还要考虑在长期使用中节约能源和减少电费开支。

二、功能空间照明设计

住宅活动空间可分为玄关、客厅、餐厅、厨房、卧室、书房、卫生间等。由于不同空间的功能不同，其照明需求及灯具的选择也有很大区别。

通常，住宅照明有一般照明与局部照明之分。一般照明是指房间的环境照明，通常要求光线明亮、舒适、照度均匀。局部照明是指房间内局部区域的照明，通常要求有足够的光线且要避免眩光。

（一）玄关照明设计

玄关是住宅的第一功能空间，是室内与室外的过渡空间，也是住宅给人第一印象的重要场所。因此，玄关照明通常采用暖色光源，以营造温馨的氛围。

1. 玄关的一般照明设计

玄关的一般照明是为空间提供环境照明，并兼有一定的装饰作用。玄关的一般照明应有均匀的照度，且照度值不宜过高。

玄关灯具的选择和布置要根据顶面装修情况而定（是否有吊顶及吊顶的形式），通常以顶部照明灯具为主，如筒灯、吸顶灯、反光灯槽等。玄关的一般照明不宜采用过多的照明形式，否则给人杂乱无章的感觉。

2. 玄关的局部照明设计

玄关的局部照明主要是对墙面造型、墙面装饰、陈设品、壁龛等部位的重点照明，以突出装饰效果。通常，玄关局部照明的灯具以射灯、壁灯为主。

需要注意的是，局部照明的照度要高于一般照明；玄关的局部照明也不宜过多，否则会令局促的空间显得过于杂乱，从而破坏空间感。

（二）客厅照明设计

客厅是居家生活的中心区域，是集多种功能于一体的空间，如娱乐、交流、聚会、休息、接待客人等。因此，客厅照明设计既要满足多种活动的需求，又要具有美观的装饰效果。

客厅的多功能性要求照明设计应采用混合照明方式，以使功能需求和光环境达到和谐统一的效果。

1. 客厅的一般照明设计

客厅一般照明主要为了照亮整个空间，多采用吸顶灯或吊灯，光源多采用暖色调，通常可选用荧光灯、白炽灯、低压卤素灯或 LED 灯等。灯具应保证有上射的光，避免使顶棚过于阴暗，故不宜选用全部向下照射的直接型照明灯具。此外，在选择灯具时，不仅要考虑灯具的形状、材质、色彩与空间整体风格的和谐搭配，还要考虑灯具的体量和安装方式与空间尺度相协调。

在客厅安装吊灯时，其悬挂高度要适宜，通常应保证使用者在坐姿状态时的正常视听和交谈视线不受妨碍。同时，还应考虑吊灯悬挂的高度对眩光的影响。

2. 客厅的局部照明设计

客厅的局部照明主要用于工作照明和装饰照明。工作照明是指为沙发阅读提供的照明，常选用落地灯或台灯作为照明灯具。

通常，落地灯的照度为 300 ~ 500 lx。同时，为了方便阅读，落地灯的高度应能自由调节。台灯一般放置在沙发的边几上，除了提供局部照明外，还起到装饰空间的作用。

客厅的装饰照明主要是对装饰墙、装饰挂画、装饰小品、主要陈设品等的照明，灯具大多采用射灯和局部照明用筒灯。

（三）餐厅与厨房照明设计

住宅餐厅的照明设计要注意艺术性与功能性相结合，营造一个温馨、舒适的就餐环境。通常，餐厅的照明应采用混合照明方式，以形成具有亮度变化的光环境。

厨房是操作空间，因此厨房的照明设计要先满足操作行为的功能需求。对于空间独立性不强的厨房，如开敞式厨房，其照明设计应与餐厅照明统筹考虑，以强调厨房与餐厅的关联性，但同时不能忽略操作区照明的重要性。

1. 餐厅与厨房的一般照明设计

餐厅一般照明的目的是保证整个房间的亮度，减少明暗对比，以创造干净、明亮的环境氛围。对于有吊顶的餐厅，应安装一定数量的筒灯，作为辅助照明。此外，空间较大的餐厅照度应高一些，以增加热烈的气氛；空间较小的餐厅照度可低一些，以营造优雅、亲切的就餐环境。

厨房的一般照明要保证充足的照度，以确保操作时的便捷与安全。厨房的一般照明宜选用显色性较高的白炽灯光源，以方便操作者对菜肴的色泽做出准确的判断。厨房灯具通常以吸顶灯和防雾筒灯为主，灯具要有保护罩，避免因水汽侵蚀而发生危险，以及因油烟的污染而难以清理。

2. 餐厅与厨房的局部照明设计

餐厅照明的重点是餐桌，因此，要对其进行局部照明设计。通常，在餐桌上方悬挂具有一定高度的垂吊式灯具，以突出餐桌表面。同时，灯具的悬挂高度一般不宜低于 800 mm。餐厅局部照明的光源多选用白炽灯，其显色性好，可增强菜肴的色泽度与鲜嫩感，从而增进用餐者的食欲。

厨房的局部照明主要是对切菜、洗涤、烹饪等操作区域设置的照明，一般在操作台的上方，吊柜或抽油烟机的下方设置照明灯具。

此外，开放式厨房通常设有吧台作为浅饮小酌之地，这时应在吧台上方设置筒灯或艺术吊灯给予单独照明。

（四）卧室照明设计

卧室是供家庭成员休息、睡眠的空间，具有较强的私密性其照明设计应体现温馨感和舒适感，使人能够放松身心、安心入眠为了营造柔和的光环境，卧室一般照明的照度较低，同时，可利用局部照明来满足主人不同的需求。

1. 卧室的一般照明设计

卧室的一般照明多采用吸顶灯、吊灯等顶部照明灯具。为了避免人们卧床休息时顶部光源直接进入人的视线内而产生眩光，应选用半直接型、半间接型或漫射型灯具，且不宜安装在卧床时人的头部正上方。在有吊顶的卧室内，可以不设置主照明灯具，而是在吊顶内设置灯带来承担一般照明。

卧室一般照明光源以暖色调为主，且照度不宜过高，以塑造安静、温柔的空间氛围，使人较易进入睡眠状态。此外，卧室的主光源建议采用单联双控开关，一处设在进门处，另一处设在床头附近，方便人们卧床时开灯或关灯。

2. 卧室的局部照明设计

卧室的局部照明通常在阅读时或夜间使用。为了方便人们在卧床时进行阅读，可在床头附近设置台灯、壁灯、吊灯或落地灯，光源以暖白色为宜，照度通常为 150 lx。

（五）书房照明设计

书房作为学习、思考、工作的空间，需要安静、简洁、明快的光环境，以帮助人们缓解精神压力，放松心情，提高工作效率。书房应尽量选择朝向好的房间，以便充分利用自然光源。书房的人工照明应遵循明亮、均匀、自然的设计原则，在布灯时要协调一般照明和局部照明的关系，注重整体光线的柔和、亮度的适中，避免形成过于强烈的明暗对比，使人眼在长时间的视觉工作中产生疲劳感。

1. 书房的一般照明设计

书房的一般照明不宜过亮，照度为 100 be 左右即可，光线要柔和明亮，注意避免眩光。书房的一般照明可采用吸顶灯或吊灯作为主照明灯具，也可不设置主照明灯具，仅采用一定组织形式的反光灯槽、筒灯或射灯等作为环境照明。

2. 书房的局部照明设计

局部照明是书房照明设计的重点，主要包括书桌、书架、壁龛、装饰画等部位的照明。

书桌照明一般用台灯或其他可任意调节方向的局部照明灯具，有时也可采用壁灯，其安装位置最好在书桌上方，以方便阅读和书写等视觉工作。书柜可设暗藏灯槽，书架可在顶面设置射灯。

（六）卫生间照明设计

卫生间具有洗浴、如厕、梳妆等功能，因此照明设计要考虑不同行为所需，通常采用一般照明与局部照明相结合的混合照明方式。由于卫生间属于湿环境，所以要有较高的照度水平，避免发生意外。

1. 卫生间的一般照明设计

卫生间的一般照明通常采用磨砂玻璃罩或亚克力罩吸顶灯，也可采用防水筒灯，以阻止水汽侵入而发生危险。卫生间的照明光源以暖白色为主，可创造出干净、整洁的卫生环境。

2. 卫生间的局部照明设计

卫生间的局部照明主要针对洗手台和淋浴区而设。洗手台的照明设计比较多样，但以突出功能性为主，可在洗面盆上方或镜面两侧设置镜前灯、壁灯等局部照明灯具，使人的面部有充足的照度，方便梳洗。淋浴区或浴缸的照明设计通常是在顶面设置浴霸，以营造温暖、舒适的沐浴环境。

第三节 公共空间照明设计

当下，各城市的综合功能、文化品位日益提升，其中城市公共空间发挥着重要的作用。城市公共空间涵盖了商业、休闲、文化艺术等多个方面，与人们的生活关系紧密。随着人们生活水平的提高和生活节奏的加快，人们更加注重公共空间的趣味性和人文情怀。因此，公共空间照明不能仅仅追求满足基本的功能需要和简单的照明，还要考虑舒适、方便、安全、空间构成丰富、灯光环境宜人等多种因素，以满足人们日益增长的心理需求，并与经济、社会文明发展相协调。

一、办公空间照明设计

随着城市经济的发展和城市化进程的加快，办公建筑得到迅速发展。由于以现代科技为依托的办公设施日新月异，使得现代办公模式日趋复杂多变，因此，针对复杂功能空间的照明设计也在不断改进。

办公空间是进行视觉作业的场所，其照明是为长时间的视觉作业提供功能照明。办公空间照明是室内环境质量的重要组成部分，是影响办公人员工作效率和身心健康的重要因素之一。因此，办公空间的照明设计既要保障工作面的照明需求，又要考虑整个室内空间光环境的舒适性，同时还要具有一定的美观性。

（一）办公空间照明设计要点

不同的办公性质有着不同的照明要求，对办公空间工作性质的定位是照明设计的首要工作。因此，在进行具体设计前，要对办公空间的照明目的有充分的认识，明确办公空间的照明既要考虑视觉之需，又要兼顾照明效果对办公人员精神状态的影响。

1. 合理的照度水平

一般来说，办公空间应保持较高的照度，高照度的工作环境不仅可以满足长时间伏案工作的照明之需，而且能使空间变得宽敞、明亮，有利于提高办公人员的工作效率。

此外，照度水平的确定还应考虑不同的作业内容。通常情况下，对于进行一般作业的工作面，推荐照度为 750 lx；对于精细作业环境，若因太阳光的影响而使室内较暗时，工作面的推荐照度为 1500 lx。有时，为了延长产生视觉疲劳的时间和获得良好的心理感受，可以适当地提高照度。表 3-2 给出了相对于工作面照度的周围环境的照度值。[①]

表 3-2　相对于工作面照度的周围环境照度

工作面照度	周边环境照度
≥ 750	500
500	300
300	200
≥ 200	与工作面的照度相同

注：照度均匀度（最小照度与平均照度之比）在工作面上是 0.7 时，工作面周围不应低于 0.5。

2. 适宜的亮度分布

一般情况下，办公空间会在顶棚设置相对均匀的光源作为环境照明，为空间提供整体亮度。而工作区域的照明则是在环境照明的基础上，为精细作业提供所需的亮度。

此外，为了明确视觉中心，便于工作人员集中注意力，同时考虑到节约能源，通常会将工作区域照明和环境照明的亮度进行适当区分，并使环境照明亮度略低于工作区域的亮度。

3. 减少眩光现象

办公空间是进行视觉作业的场所，控制眩光十分重要。办公空间照明设计应从以下方面采取措施，将眩光减少到最低水平。

（1）选择具有达到规定要求的保护角的灯具，或者采用格栅、建筑构件等对光源进行遮挡。

（2）适当限定灯具的最低悬挂高度。通常，灯具安装得越高，产生眩光

---

① 鲍亚飞，熊杰，赵学凯. 室内照明设计 [M]. 镇江：江苏大学出版社，2018：137.

的可能性就会越小

（3）减少不合理的亮度分布。例如，墙面、顶棚等采用较高反射比的饰面材料，在同样照度下，可以有效提高其亮度，避免空间中产生眩光。此外，采用半直接型或漫射型灯具可提高顶棚的亮度，降低空间垂直方向上的亮度对比，从而达到适度抑制眩光的效果。

4. 绿色照明

充分利用自然光可以减少对人工照明的需要，从而降低能耗，实现绿色照明。同时，选择节能型照明灯具，并合理设置照明控制系统，也可达到绿色照明的目的。

（二）办公空间的分区照明设计

1. 集中办公空间照明

集中办公空间是指许多人共用的大面积办公空间。集中办公空间经常按部门或按工作性质的差异进行划分，并借助办公家具或隔板分隔成小空间。根据集中办公空间的特点，照明设计应达到为工作面提供均匀照度和适宜亮度分布的要求。

通常情况下，集中办公空间的工作区域照度水平应在 500 ~ 1000 lx 之间，照度均匀度应大于 0.8；应选择色温在 3500 ~ 4100 K 之间的光源，且显色指数应大于 80。

集中办公空间照明通常包括一般照明和局部照明。一般照明主要为空间提供整体亮度，普通办公空间通常采用格栅灯或具有二次漫反射的专业办公照明灯具，其形式有嵌入式和悬吊式两种，光源通常采用荧光灯。高档集中办公空间还可以选择反光灯槽、发光顶棚等照明方式，更大限度地减少眩光。

集中办公空间的局部照明主要是对工作面的照明，而当一般照明能够满足工作面照度要求时，则无须设置局部照明。局部照明要求光线柔和、亮度适中，可选用悬吊式漫反射灯具或台灯等。

为了对办公区域和通行区域进行一定的空间界定，同时也为形成一定差别的光亮度，可以采取分区一般照明形式，使通行区域与办公区域有不同的亮度分布。一般来说，通行区域对眩光的要求可以适当降低，但要考虑灯具眩光对就近办公区的影响。

2. 个人办公空间照明

个人办公空间是个人独自使用的独立办公空间，如经理办公室、主管办公室等，具有一定的抗干扰性和私密性。个人办公空间功能设置的差别应根据使用者的职务、企业性质、装修标准而定。通常情况下应具有工作区和接待区（兼休息区），对于空间较大的个人办公室可另设休息区、休闲区等功能区域。

对于个人办公室来说，照明设计既要保证工作区域具有较高的照明质量，又要有一定的装饰效果和艺术氛围，个人办公空间照明主要强调整体照明的组织形式、各功能区域的照度设置、空间的整体亮度分布、照明灯具的光效果搭配及灯具的装饰性等问题。因此，个人办公空间通常采用混合照明方式。

一般来说，个人办公空间对一般照明的要求不高，通常会选择使用暖白色光源的筒灯，主要用于环境照明。局部照明是设计的重点，应针对不同的功能区别对待。

工作区域是办公室的主要区域，对照度、亮度分布、光源的显色性等都有较高的要求，同时，也要呈现出一定的美观效果。工作区域照明灯具的选择应根据装修风格、照明效果需要及使用者的审美而定，通常可采用发光顶棚、反光灯槽、吸顶灯、吊灯等两两结合的形式，使亮度均匀分布，减少眩光，同时还可获得丰富的视觉效果。

个人办公空间内的其他附属区域的照明设计比较灵活，可根据室内的整体装修风格和个人喜好而定，但要保证各区域之间的和谐。同时，灯具的选择及配光效果应区别于工作区域，多侧重于营造休闲、舒适的氛围。

3. 会议空间照明

会议空间是工作人员进行交流、讨论、沟通和开会的空间。会议桌是会议空间的重点区域，因此在进行照明设计时，应保证会议桌上的照度均匀，同时，要保证与会者的面部有足够的照度，使与会者相互之间能够看清对方的神情。会议桌周围的区域通常采用一般照明方式，起到环境照明和氛围营造的作用。

此外，还要注意会议空间中的视频、投影仪、黑板、展板等区域的照明。例如，会议室若设有视频系统，播放视频时需要在较低亮度的空间内才能达到清晰的效果，这便对参会人员的记录工作造成不便，因此通过对会议桌进行局部照明，既满足书写之需，又不会对视频播放效果产生很大影响。

4. 公共区域照明

办公空间的公共区域包括入口及大厅、接待前台、等候区、休闲区、电梯间、楼梯间、走廊等。

公共区域既是不同区域之间的过渡空间，又是"窗口"空间，公共区域照明设计应符合相应的照明质量要求，同时还要对光环境进行一定的艺术处理，以展示企业的风格和性质。通常情况下，公共区域照明的总体照度水平应在 150 ～ 300 lx 之间，为此，可选择色温在 2700 ～ 6500 K 之间的光源，显色指数应大于 80。

此外，由于公共空间通常还会进行一定的装饰，灯具的形式和布光效果具有一定的复杂性，所以不强调照度的均匀性，但应注意空间亮度的明显变化会对人的视觉产生不适。

总体而言，办公空间公共区域的照明方式较为灵活，灯具类型及布置方式有较大的选择空间，可根据区域的不同功能和装修风格进行合理设置。

二、商业空间照明设计

在现代商业空间里，照明设计对整体空间的效果展示起着越来越重要的作用，同时潜移默化着消费者的视觉和心理。

在商业空间设计中，照明设计具有烘托整体形象、点明主题、显示个性、创造特定商业气氛、改善空间感及吸引顾客注意力等作用。为了创建满足消费者需求的照明环境，商业空间照明设计需要解决照度标准、光源分布、灯具的形态与光色等一系列问题。

（一）商业空间的照明方式

商业空间是指专门从事商品或服务交换活动的营利性空间，商业空间的种类很多，包括百货商场、商业步行街、服装店、餐厅、娱乐场所等。这里主要针对百货商场进行讲解。

商业空间的照明方式通常分为一般照明、分区一般照明、重点照明、装饰照明和事故照明五种不同的照明方式具有不同的特点，在商业空间照明设计中要综合使用各种照明方式，以打造丰富多彩的空间环境。

1. 商业空间的一般照明

一般照明是对商场整体空间的亮度照明，常采用漫射照明或间接照明形式，其光线均匀明亮，没有明显的阴影，无突出重点。

2. 商业空间分区的一般照明

在商业空间中，因内部性质的不同，将整体空间分割成了不同的区域，而对各个区域的照明设计即为分区一般照明。不同区域对照明有不同的需求，如运动店的照明应体现活力、动感的气氛；童装店的照明应体现可爱、活泼的氛围。

3. 商业空间的重点照明

重点照明是为了强调特定目标和空间而采用的高亮度定向照明方式。其目的是突出重点商品，提高商品的注目度和质感，以增加顾客的购买欲。

重点照明的照度根据商品的种类、形态、大小、展示方式等确定，且应与店内基本照明相平衡，重点照明的照度通常为基本照明的 3 ~ 6 倍。为了真实地反映商品的颜色，应采用显色指数高的光源。

4. 商业空间的装饰照明

装饰照明体现着商场的整体形象，它能美化空间，是一种观赏照明，多用于大型商场的路径汇合点、自动扶梯附近及商场中心公共场所等处。装饰照明常采用装饰性强、外形美观的照明灯具，也可以通过在界面上进行图形布置或灯具的排列组合等形式呈现，其主要目的是活跃空间气氛，加深顾客印象。

装饰照明是独立的照明手段，不同于基本照明和重点照明，其主要作用是形成优美的光环境，创造独特的环境气氛，因此，装饰照明不可代替基本照明和重点照明。

（二）分区空间的照明设计

1. 入口及过渡空间照明

入口是引导人们进、出商场的主要空间，因此要保证入口有较大的空间和足够的亮度，以便人们能够快速进入或离开商场。商场的过渡空间是连接室内外的主要空间，通常采用一般照明与装饰照明相结合的形式，通过独特的灯具布置方式，提升商场的品位。

对于商场内的各个商店而言，人口是给顾客留下第一印象的重要空间，也是展示商店性质及风格的主要场所。通常，商店人口的照度应比室内平均照度高一些，光线要更聚集一些，以快速吸引顾客的目光。同时，色温应与室内相协调，以保持整体风格的统一。

2. 橱窗照明

橱窗通常是对该商店重点商品的展示，具有一定的代表性，反映着商店销售的商品类型、档次及风格。通过陈列设计、灯光设计及环境气氛的营造，吸引消费者的目光，使消费者对该商店产生兴趣。

通常，橱窗照明采用一般照明和局部照明相结合的照明方式，以准确体现商品的特点，营造强烈的视觉冲击力。

（1）一般照明设计。

橱窗一般照明的亮度要适宜，以形成柔和的光环境，同时也要有较高的照度水平，以达到突出、醒目的效果，橱窗照度应为店内营业空间平均照度的 2 ~ 4 倍。位于商业中心或繁华位置的橱窗，其照度通常为 1000 ~ 2000 lx，而远离商业中心或位于普通地段的橱窗，其照度通常为 500 ~ 1000 lx。

（2）局部照明设计。

橱窗的局部照明是对商品的重点照明，通常选用高照度的聚光灯（如射灯）提供定向照明，以突出体现商品的质感、色彩，塑造商品的立体感。此外，商业空间橱窗照明还应考虑不同性质、不同材质商品的特殊性，以及商店所要营造的特殊氛围（如圣诞节、情人节、店庆活动等节日），从而进行针对性的布光设计。

3. 销售空间照明

销售空间的照明要根据所经营的商品种类、营销方式及相应的环境要求等因素综合考虑。通常，经营种类和营销方式的不同决定了照明质量的差异。例如，以经营服装、鞋帽、化妆品、金银珠宝等商品为主的销售空间，对照明质量有较高的要求，旨在通过丰富的灯光效果提高空间的档次和品位感，使商品看起来更有价值。而以经营家用电器、日用百货、新鲜货物为主的销售空间，照明设计无须过多地进行气氛渲染，仅保持空间的清爽、明亮即可。但对于新鲜货物区的照明来说，其光源应具备较高的显色性，以提高货品的新鲜度。

下面，以服饰类销售空间为例，对其照明方式进行讲解。服饰类销售空间常采用混合照明的方式，以突出展示不同商品的特点，方便消费者选购。

（1）一般照明设计。

销售空间的一般照明要保证均匀的照度和适宜的亮度分布，通常情况下，照度为 300 ~ 500 lx 。对低、中档商场来说，一般照明可采用格栅灯、筒灯等照明灯具或其他漫射型专业商用照明灯具，其安装方式以嵌入式为主；高档商场可增设反光灯槽、发光顶棚等建筑化照明手段，结合独特的天花造型，取得更好的装饰效果。

（2）局部照明设计。

销售空间中的局部照明主要是对陈列柜、陈列台、陈列架上的商品进行局部照明设计。局部照明既要凸显商品的品质，又要塑造高雅的环境氛围，通过增强空间的层次感，提升商店的档次局部照明要具有美化商品的作用，通常要求较高的照度和较好的显色性。

陈列照明要有较好的水平照度，同时也要保证良好的垂直照度。陈列照明的方式可分为以下几种。

一是顶部照明。即在上层隔板底部设置照明的方式，通常采用线式光源。对于选择不透明材质做隔板的展示柜来说，需要进行分层照明；对于使用透明材质做隔板的展示柜而言，应考虑光影对下层商品展示效果的影响。

二是角部照明。即在柜内拐角处安装照明灯具。为了避免灯光直接照射顾客，灯罩的大小尺寸要选配适当。

三是混合照明。对于较高的商品陈列柜，仅采用一种照明方式往往不能满足照度要求，因此需要同时采用多种照明方式。例如，仅在陈列柜上部用泛光灯照明，有时会使下部亮度不够，所以增加聚光灯作为补充，使灯光直接照射底部，保证陈列柜的整体亮度。

四是外部照明。当陈列柜不便装设照明灯具时，可在顶棚上安装吊灯等下投式照明灯具。在进行外部照明设计时，应结合陈列柜高度、灯泡高度和顾客站立位置，确定下投式灯具的安装高度和照射方向，避免强烈的反射光给顾客带来视觉不适，而难以看清商品。

简易结构的陈列架通常在顶棚设置下投光定向照明灯具来实现局部照明根据展示内容的不同，可采用均匀布光的形式，也可采用重点布光的方式。

销售区的局部照明需要较高的照度，通常为一般照明照度的 2 ~ 5 倍，宜选择色温在 3 000 ~ 4000 K 之间的光源，显色指数应大于 80。但由于局部照明灯具的安装位置与人的距离较小，所以很容易产生眩光。因此，在布置灯具时应考虑对眩光的控制，如采用遮光角大的灯具等。

4. 收银区照明

通常，收银区的照明设计要与一般照明有所区别，尤其是对于采用分散付款的大型商场来说，除了要有明显的引导标识之外，更应在照明设计上予以强调，使收银区从交错纵横的货柜中凸显出来，为消费者提供便利。

商店内的收银区要强调视觉的导向性，应适当提高照度，或采用与周边不同的照明方式，或选用不同造型的灯具。收银区的照明一般要求照度为500 ~ 1000 lx，光源色温为 4 000 ~ 6000 K，显色指数应大于 80。

三、酒店空间照明设计

《旅游饭店星级的划分与评定》（GB/T 14308-2010）给出了旅游饭店的标准定义：旅游饭店是以间（套）夜为单位出租客房，以住宿服务为主，并提供商务、会议、休闲、度假等相应服务的住宿设施。按不同习惯也被称为宾馆、酒店、旅馆、旅社、宾舍、度假村、俱乐部、大厦、中心等。

作为旅游服务支柱的旅游饭店，应提供良好的环境和周到的服务。其中，良好的环境除了要有优秀的室内装修外，舒适的照明设计也起到举足轻重的作用。

（一）酒店空间照明设计要点

酒店空间的照明既要通过科学化、合理化的设计，满足不同功能空间的具体需求，又要通过人性化、艺术化的处理，体现酒店的风格和特色，打造舒适、温馨、高雅、安全的空间氛围，使游客同时得到身体的放松与心情的愉悦。

1. 准确的设计定位

由于酒店内部的功能空间繁多复杂，因此在进行酒店照明设计时，应先对酒店内部空间进行全面的了解，掌握其功能的设置和空间的组织形式，并细化不同空间的功能区域，使照明设计具有针对性。再结合室内装修风格，对不同布光手段效果进行分析，制订符合特定空间装饰格调和氛围要求的照明设计方案。

2. 人性化的光环境

酒店空间的光环境主要是为人服务的，因此照明设计要体现人性化。酒店空间照明设计的人性化主要表现在合理的照度设置、适宜的亮度分布及适度的氛围渲染三个方面。

照度设置的合理程度取决于照明设计师对功能的准确定位。为了更好地把握功能分区的照度设置，设计师要明确酒店空间的特点和具体功能的照明质量标准，以相关标准为依据，对不同环境进行全面分析，以确定合理的照度值。

亮度分布不均匀会造成人的视觉不适，而绝对均匀的亮度分布又会使空间平淡乏味，丧失趣味性。因此，在进行照明设计时，设计师必须从单一空间入手，对空间界面、物体表面材质的光反射特性、物体的空间关系，以及人群密度等方面进行分析，做出适当的调节，以保证空间内的亮度分布既符合设计要求，又具有一定的变化。

氛围的渲染是对装饰性照明的表现，设计师应根据不同功能空间所需要的气氛进行针对性的设计，同时也要正确把握对特定功能空间氛围营造的尺度，避免出现过度渲染或渲染不到位的情况。

（二）功能空间的照明设计

1. 入口、门厅照明

入口是酒店的引导空间，其照明设计要对空间特点、作用进行综合考虑，通常需要充足的照明和适当的装饰效果。入口的一般照明主要通过顶部照明实现，如将直接型灯具均匀地布置在顶面或采用发光顶棚，也可以根据需要与壁灯、洗墙灯[①]等配合使用。

入口的局部照明主要是在雨蓬、入口车道的顶棚及其他必要位置设置灯具，宜选择色温低、色彩丰富、显色性好的光源，以增加入口的温馨感和亲切感。同时，能够有效避免顾客进入室内后因光线突变而产生视觉不适。

门厅是室外与室内的过渡空间，是给客人留下第一印象的重要空间，从装修风格到照明设计，都要与酒店的整体风格及定位相统一。由于门厅仅仅是过渡空间，客人只会在此短暂停留，且常与主厅、大堂等重要空间连接在一起。因此，门厅的照明设计应简洁明快，灯具的选择及布灯方式也应简单大方。

---

① 洗墙灯又称线型 LED 投光灯。之所以称其为洗墙灯，是因为灯光像水一样洗过墙面。

2. 大堂照明

大堂是体现酒店档次和品位的重要空间之一。大堂往往集多种服务功能于一体，如接待服务区、大堂副理区、休息会客区、大堂咖啡座与酒吧等消费区、垂直交通空间（电梯和楼梯）等。其功能的复杂性决定了照明设计的多样化，大堂照明既要满足整体与局部的功能要求，又要实现对空间氛围的渲染；既要考虑消费者的需求，又不能忽略服务的便利性；既要对不同区域采取变化处理，又要保证整体效果的统一和谐。通常，酒店大堂采用一般照明、分区一般照明和局部照明相结合的方式。

（1）一般照明设计。

大堂的一般照明是对空间公共区域的环境照明，照度通常为 300 lx 左右，光源多以暖色调为主，对于不同设计风格和具体空间因素，可对照度及色温进行适当的调节。例如，为了体现大堂的雄壮、开阔，应适当提高照度和光源色温；为了体现大堂的豪华、高档，可适当降低照度，并选择色温略低的光源；为了营造大堂优雅、舒适的氛围，则需要低照度和低色温的配合。

大堂的一般照明通常以顶部供光方式为主，常用灯具有筒灯、斗胆灯[①]、支架灯、吸顶灯、吊灯等。灯具的组织形式可以非常灵活，可以根据大堂的整体装修风格及想要呈现的效果而定。例如，对于追求简洁、明快的空间而言，可采用均匀分布灯具的方式达到照度充足、亮度均匀的效果，以满足简约、大气的风格要求；对于追求丰富照明效果的空间来说，可采用点光源、线光源和面光源相结合的照明方式，以达到丰富多变的照明需求。

此外，利用体量适中、形态优美的灯具作为大堂的主体照明灯具，可形成空间中心和视觉焦点，从而起到装饰空间和烘托氛围的作用。

（2）分区一般照明设计。

大堂的分区一般照明是对不同区域进行个别处理的照明方式，主要包括接待服务区、休息待客区、大堂吧等。

接待服务区是大堂内最主要的功能区域，承担着客人入住、退房的手续办理及业务咨询等工作。其突出的功能决定了该区域的照度要高于整体空间的一般照度水平，使其能够成为视觉的焦点，引导客人快速找到服务区域。

---

① 斗月旦灯别名格栅射灯，因灯具内胆使用的光源外形类似"斗"状，故被称为斗胆灯。斗胆灯的面板采用优质铝合金型材，经喷涂处理，呈闪光银色，具有防锈、防腐蚀的特性。

接待服务区通常以服务台的形式呈现，其照明设计要求服务台表面的亮度要适宜，能够满足人们进行阅读及文字书写，并且要具有良好的垂直照度和显色性，便于服务人员与客人的正常交流。

大堂的休息待客区是供客人临时休息与接待客人的地方，要具有安静、轻松的环境氛围，因此照明设计应简洁、明快，常采用混合照明的形式。光源宜选择暖色调，以营造温馨、恬静的氛围，使客人放松。

大堂吧是为客人提供酒水、饮料的消费区域，应充满优雅和浪漫的情调，因此照明设计要具有一定的装饰性，通过丰富的组织形式，塑造或朦胧含蓄、或高贵雅致、或愉悦轻松的环境氛围。大堂吧的灯具选择范围较为广泛，嵌入式、吸顶式、吊灯及各种间接照明手段皆可，但照度不宜过高，光源宜选用暖色调。

（3）局部照明设计。

对于大堂内的一些服务设施，如银行自动取款机、自动售货机、展示柜等可采用局部照明的方式。在设置灯具时既要突出区域感，又要注意避免产生眩光。另外，对大堂的装饰墙面、陈设品、植物摆件等的照明也通常采用局部照明方式，同时兼具装饰照明的作用。

3. 走廊、楼梯间、电梯间照明

（1）走廊。

酒店客房部的走廊大多是内走廊，距离很长，且两边都是房间，缺乏自然光线，因此白天和夜晚都要通过人工照明来保持光亮。酒店的走廊照明多采用建筑化照明（如发光顶棚、反光灯槽等）、吸顶或嵌顶灯具、壁灯等。走廊照明的照度通常为 50 lx，灯具的光源可选用荧光灯、白炽灯和节能灯等。

酒店走廊应装置应急灯和疏散指示灯。疏散指示灯一般设于指向转弯的出口、疏散楼梯或疏散出口，应装在墙上，高度为 1.8～2.0 m，使人一抬头就可以看到。也可以将应急灯与疏散指示灯结合在一起。此外，有不少酒店会在走廊和楼梯，特别是通往安全门的部位设置长明灯。

（2）楼梯间。

楼梯间照明通常选择漫射型吸顶灯，对于回转楼梯，可在回转处安装吸顶灯或壁灯。对于楼梯平台，多采用能瞬时启动的白炽灯，照度为 30 lx。

（3）电梯间。

电梯间是人员走动频繁的地方，一般照度设置为 75～150 lx，可采用筒灯、壁灯、反光灯槽、装饰性较强的组合灯具等。需要注意的是，各层电梯间的照明设计应保持统一的形式。

4. 客房照明

酒店的客房大都设有标准双床间、标准单床间、双套间、三套间和豪华总统套间等客房照明要满足一定的使用功能，且要方便控制。

客房人口一般采用顶部照明方式，多利用数个筒灯照亮人口过道，以使人们快速熟悉房间构造。

客房内的照明主要有床头照明、台面照明、休息区照明和卫生间照明。客房内可以不设置主照明灯具，而通过局部照明方式提供光亮，使客房内充满温暖、安逸的气氛。

床头照明主要为阅读提供充足的光线，但要注意灯具的照射角度应达到不干扰同房间其他客人休息的要求。如果床头采用壁灯，其安装高度应略高于端坐在床上时人的头部高度。

休息区照明多采用可移动式落地灯或在窗帘盒内设置照明光源，以便客人在待客、交谈时使用。

台面照明主要是指写字桌上的台灯或化妆台的镜前灯。台面照明要有充足的照度，以满足客人书写、化妆等精细工作时使用。同时，灯具的款式应美观大方，且要符合空间的装修风格，以作为装饰灯具点缀空间。

客房内的卫生间常用吸顶灯或嵌入式筒灯为空间提供一般照明，同时，要在洗漱台镜面的上方或两侧设置局部照明，以满足客人梳洗时用。卫生间的照明要有良好的显色性及较高的照度，同时应采用防水、防潮灯具。

表 3-3 列出了客房各区域可采用的灯具类型及要求。[①]

表 3-3　客房灯具类型及要求

部位	灯具类型	要求
过道	嵌入式筒灯或吸顶灯	
床头	台灯、壁灯、导轨灯、射灯、筒灯	
梳妆台	壁灯、筒灯	灯具应安装在镜子上方并与梳妆台配套制作

① 鲍亚飞，熊杰，赵学凯 . 室内照明设计 [M]. 镇江：江苏大学出版社，2018：167.

部位		灯具类型	要求
写字台		台灯、壁灯	
会客区		落地灯	灯具应设在沙发、茶几处，由插座供电
窗帘		窗帘盒灯	模仿自然光的效果，夜晚从远处看，起到泛光照明的作用
壁柜		壁柜灯	设在壁柜内，将灯开关装设在门上，开门则灯亮，关门则灯灭，且应有防火措施
地面		地脚夜	灯安装在床头柜的下部或进口小过道墙面底部，供夜间活动用
天花			通常不设顶灯
卫生间	顶部	顶部吸顶灯和嵌入式筒灯	卫生间采用防水、防潮灯具
	局部	光灯或筒灯	显色指数应大于80，采用防水防潮灯具

值得注意的是，客房的照明控制具有一定的特殊性。为了给客人提供方便，通常采集集中控制的方式，控制器一般设在房间入口处或床头柜上方，同时，应对特殊部位的照明设置双控开关。

5. 餐厅照明

酒店的餐厅通常分为中餐厅、西餐厅、风味餐厅、宴会厅和包间等。餐厅照明应根据酒店的风格特点、地域特色进行设计。餐厅内的灯具不仅为空间提供充足的亮度，而且具有装饰空间的作用。餐厅照明的主要对象是菜肴，因此，照明设计对光源的显色性要求较高，显色指数通常应大于80，以提高菜肴的观感效果。

（1）一般照明设计。

餐厅的一般照明要使整个空间具有适宜的照度，以保证客人正常就餐。通常情况下，西餐厅和风味餐厅比中餐厅的照度低，中餐厅的照度比宴会厅的照度低。一般来说，西餐厅和风味餐厅的照度为100 lx左右，中餐厅的照度为200 lx左右，宴会厅的照度为300 lx左右。

餐厅的一般照明主要采用顶部照明方式，中餐厅、宴会厅通常采取相对复杂的组织形式，强调直接照明与间接照明的结合、灯具的对称式布局、灯具布置的形式变化等，以追求层次丰富的光环境，形成富丽堂皇、豪华大气的空间氛围。西餐厅、风味餐厅较注重光源的形式感（如点线面光源相结合的形式），常采用混合照明的形式，以突出空间的优雅感、高贵感或突出地方特色。

餐厅的一般照明多采用筒灯、反光灯槽、发光顶棚、吸顶灯、吊灯等漫射型灯具。通常将主体灯具作为空间的主要装饰元素，以体现餐厅的独特风格，如中餐厅选用中国古代的宫灯或具有中国特色的吊灯，以示东方情调。

（2）局部照明设计。

餐厅的局部照明主要是指餐桌照明，以及对装饰画、陈设品、景观小品的重点照明。对于包间而言，通常在餐桌上方设置主灯，以重点照亮桌面上的菜肴，使其显得更加新鲜、美味。同时，也能照亮用餐者的面部，方便用餐者相互交流，但要注意避免眩光。

6. 健身场所照明设计

通常，高档酒店内大多都设有健身场所，如游泳池、健身房等，这些场所是供客人休闲娱乐、放松身心的空间。健身场所的照明环境以舒适为主，应尽可能避免过高照度给人带来的紧张感或者过低照度给人带来的压抑感，从而影响人们的心情一般来说，照度为 50 ~ 70 lx 较为适宜。

四、博物馆照明设计

博物馆是收藏保护、研究、展示及宣传各种文物、历史遗物和艺术品等的机构，其照明设计必须首先充分考虑文物的安全问题。博物馆照明还应给观众创造一个良好的视觉环境，在保证展品应有照度的同时，要尽量减小光辐射对展品的损害。因此，博物馆照明设计对灯具产品和光源的选择等提出了较高的要求。

（一）博物馆照明设计要点

1. 功能空间的照度推荐

由于博物馆的特殊性，其展厅照度值受多种因素影响，如展品的特点（如外观、造型、色彩、材质等）、观赏心理和生理上的要求、展厅环境特征等。

表3-4列出了博物馆内不同功能空间的照度推荐值。①

表3-4　博物馆不同功能空间的照度推荐值

展厅部分	公共区	办公区	装运区	照度 /lx
最重要展品陈列区				2000 ~ 3000
	入口雕塑、入口广告牌	新闻发布中心录像室	卸货登记区	1500 ~ 2000
一般大件展品陈列、橱窗、精加工物品陈列区	入口检票区、问询台、自动扶梯、报告厅、休息厅	研究室、书库、档案室、化验室、美工室、陈列设计与制作区	控制室、观察室	500 ~ 1000
展厅装饰性照明	接待区、等候区、寄存处	电气房、电话总机房	装卸运送区	200 ~ 500
敏感展品陈列区	洗手间、休息区、通道、安全照明	员工休息室与值班室	展览库房、行政库房	50 ~ 200

2. 陈列照明的一般要求

（1）照度要求。光敏感度不同的展品，要求的照度值和色温也不同。表3-5给出了《博物馆建筑设计规范》规定的展品照度及色温推荐值。②

表3-5　展品照度、色温推荐值

展品类别		推荐照度 /lx	色温 /K
对光特别敏感的展品	纸质书画、纺织品、印刷品、树胶彩画、染色皮革、植物标本等	≤ 2900	≤ 50
对光较敏感的展品	竹感、木器、藤器、漆器、骨器、油画、壁画、角制品、天然皮革、动物标本等	≤ 4000	≤ 180
对光不敏感的展品	金属、石材、玻璃、陶瓷、珠宝、搪瓷、珐琅等	≤ 6500	≤ 300

另外，对于平面展品，要求最低照度与平均照度之比不应小于0.8，但对于高度大于1.4 m的平面展品，要求最低照度与平均照度之比不应小于0.4。

---

① 鲍亚飞，熊杰，赵学凯. 室内照明设计 [M]. 镇江：江苏大学出版社，2018：175.

② 鲍亚飞，熊杰，赵学凯. 室内照明设计 [M]. 镇江：江苏大学出版社，2018：176.

一般照明的陈列室，要求地面最低照度与平均照度之比不应小于 0.7。

（2）眩光限制。①在观众观看展品的视场中，不应有来自光源或窗户的直接眩光及来自各种表面（如玻璃）的反射眩光。②观众或其他物品在光泽面（如展柜玻璃或画框玻璃）上产生的映像不应妨碍观众观赏展品。③对画框或表面有光泽的展品，在观众的观看方向不应出现光幕反射。

（3）光源颜色。①应选用色温小于 3300 K 的光源。②在陈列绘画、彩色织物、多色展品等对辨色要求高的场所，应采用显色指数不低于 90 的光源。对辨色要求不高的场所，可采用显色指数圪不低于 60 的光源。

（4）立体感。

对于立体展品，可通过定向照明和漫射照明相结合的方式，使其具有立体感。

（5）陈列室表面的颜色和反射比。

墙面宜用中性色和无光泽的饰面，其反射比不宜大于 0.6。

地面宜用无光泽的饰面，其反射比不宜大于 0.3。

顶棚宜用无光泽的饰面，其反射比不宜大于 0.8。

（二）博物馆常用的照明方式

1. 发光顶棚照明

发光顶棚的特点是光线均匀、柔和、没有阴影，适用于净空较高的博物馆。发光顶棚内部通常选用可调光的荧光灯管，其发光效率取决于灯具的反射状况和散射玻璃的透光能力。散射玻璃多采用磨砂玻璃、乳白玻璃、遮光玻璃等。

2. 格栅顶棚照明

与发光顶棚相比，格栅顶棚将透明板换成了金属或塑料格栅，使灯具效率提高，但墙面和展品上照度不高，必须与展品的局部照明（LED 轨道灯）结合使用。

3. 嵌入式洗墙照明

嵌入式洗墙照明的方式较为灵活，可以布置成光带，也可以根据建筑特点定制加工灯具，将光投射到墙面或展品上，增加其照度和亮度均匀度。

4. 轨道投光照明

轨道投光就是将轨道吊装在天棚上，把灯具组合在轨道上，使灯具沿着轨道的方向移动，以调整照明的部位。还可根据照明需要，将轨道设计成口字形或十字形。轨道投光的光线集中，但不刺眼，可以使人明显地看到被照物体，视角移动范围较大。该照明方式也可作局部照明，起到突出重点的作用。总体而言，轨道投光照明是现代博物馆和美术馆常用的照明方式之一。

5. 陈列照明

（1）展墙、展板照明。

展墙、展板等垂直版面的照明主要有以下几种方式：①采用射灯，灯设置在反射区外，同时保证光线至地面的投射角度不小于 30°，从而使展墙、展板上的展品照度均匀。②在展墙、展板的顶部设筒灯。③采用与展架配套的带轨道的射灯，灯位与投光角度可任意调节。

（2）展台照明。

展台上通常放置的是实物展品，可在展台上方的顶面装设吊灯，也可安装射灯。对于大型展台而言，其内部也可以装灯，用来照亮台面、展品或营造一定的气氛。

（3）陈列橱柜照明。

展品为了防尘、防潮、防虫、防盗等，多以橱柜形式进行展出。照明灯具可根据展品的特点和陈列橱柜的形式设于柜内或柜外。为防止灯光中紫外线的照射，橱柜的玻璃应加涂膜，同时，陈列橱柜的玻璃面应适当倾斜，以避免眩光。

通常，陈列文物、绘画、书法等收藏品的橱柜，柜内都需要加设局部照明，其光源应隐蔽，并考虑热量的排出和通风。此外，油画因表面不光滑，橱柜内照明灯光投射角小，易产生阴影，故不宜在橱柜内陈列。

橱柜内灯具可设置在以下位置：橱柜内前方上端或上下两端、展品前方四缘、橱柜顶部、橱柜底部、悬挂式陈列箱前上方等。

（4）雕塑照明。

无论是个体还是群体，都应根据雕塑的体型特点，在前上方设主要照明，在侧面、下面、背面设置辅助照明，以使之具有立体感。此外，为了使雕塑不失真，宜采用天然光和人工照明相结合的照明方式。

五、图书馆照明设计

图书馆照明最主要的是提供舒适的环境，让读者产生阅读兴趣。只有这样，读者才能安静下来，驻留在图书馆中。此外，鉴于图书馆照明需长时间运行，照明设计必须着重考虑节能、降低运行费用等因素。

在进行图书馆照明设计时，应从垂直照明、优质照明产品、高效照明技术、智能照明控制等方面进行把握，以达到舒适、良好的照明效果。

（一）图书馆照明的一般要求

图书馆包含了各种各样的功能空间，如阅览室、书库（书架）区、借阅区、自习室、电子阅览室、办公区及人流通道等。

一个舒适的光环境，不仅可以降低学习者的疲劳感，而且能让学习者拥有欢快、惬意的心情，使其更加轻松、积极地学习。

通常，图书馆照明设计应遵循以下要求：

第一，图书馆中主要的视觉作业是阅读、查找藏书等，因此，照明设计除了要符合规定的照度标准外，还要注意降低眩光和光幕反射。

第二，阅览室、书库（书架）区的照明灯具数量最多，设计时应从灯具选择、照明方式、控制方案与设备管理维护等多方面考虑，并尽可能地采取节能措施。

第三，重要图书馆应设置应急照明、值班照明或警卫照明，并单独设照明控制。

第四，图书馆内的公用照明与办公区照明宜分开配电和控制。

第五，应注意灯具选型、安装、布置等方面的安全问题。

（二）阅览室照明

1. 照明方式

阅览室可采用一般照明方式或混合照明方式。面积较大的阅览室宜采用分区一般照明方式。图书阅览室光线要充足，不能有眩光，照度通常为 $200 \sim 750$ lx，应该尽量减少书面和背景的亮度比，同时要避免扩散的光产生的阴影。阅览室的书面照度若要达到 $300 \sim 1500$ lx，可采用台灯进行补充照明。

当采用分区一般照明方式时，非阅览区的照度一般为阅览区桌面平均照度的 $1/3 \sim 1/2$。当采用混合照明方式时，一般照明的照度宜占总照度的

$1/3 \sim 1/2$。

2. 光源选择

从节能的角度考虑，阅览室宜采用细管 36WT8 荧光灯光源，同时，应选择优质电子镇流器[①]或低噪声节能型电感镇流器。在要求更高的场所宜将电感镇流器移至室外集中设置，以防止镇流器产生噪声干扰。

3. 灯具选择

阅览室的灯具选择应考虑以下几个方面：①宜选用限制眩光性能好的、带格栅或带漫反射罩、漫反射板的灯具；②灯具格栅及反射器宜选用半镜面、低亮度材料；③宜选用蝙蝠翼式光强分布[②]特性灯具；④灯具造型及色彩应与图书馆整体风格相协调。

这种配光不会在书本上产生过多的反光，同时，由于有较多的斜射光线，从而提高了书本上字迹的清晰度，较适用于办公室、教室、阅览室等各种书写作业场所。

4. 灯具布置

阅览室的灯具布置应考虑以下两点：

（1）灯具不应布置在干扰区（容易在作业面上产生光幕反射的区域）内，以避免产生光幕反射。灯具通常布置在阅读者的两侧，对桌面形成两侧投射光，照明效果良好。

（2）对于面积较大的阅览室，宜采用两管或多管嵌入式荧光灯光带或块形布灯方案，其目的是加大非干扰区，减少顶棚灯具的数量，增加灯具的光输出面积，降低灯具的表面亮度，以提高室内照明质量。

（三）书库（书架）区照明

书库区的视觉任务主要发生在垂直表面上，因此书脊处的垂直照度宜为 200 lx。另外，书架之间的行道照明应采用专用灯具，并设单独开关控制。

1. 灯具选择

（1）书库照明一般采用间接照明或者具有水平出射光的荧光灯具，对于

---

① 电子镇流器是使用半导体电子元件，将直流或低频交流电压转换成高频交流电压，驱动低压气体放电灯、卤灯等光源工作的电子控制装置。

② 蝙蝠翼式光强分布是一种在铅垂线方向光强较小，最大光强在30左右的光强分布曲线。

珍贵图书和文物书库，应选用有过滤紫外线功能的灯具。

（2）书架间行道的照明应选用具有窄配光的灯具。

（3）书库灯具的安装高度通常较低，应有一定的限制眩光措施，灯具保护角不宜小于 10°。同时，灯具与图书等易燃物的距离应大于 0.5 m。

（4）书库灯具不宜采用无罩的直射型灯具和镜面反射灯具；否则，会引起光亮面书页的反射而干扰视线。

2. 灯具安装方式

书架行道照明专用灯具一般安装在书架间行道上方，多为吸顶安装，也可嵌入安装。书库照明灯具还可安装在书架上形成一体式。一体式灯具安装方式具有较大的灵活性，但应采取必要的电气安全防护及防火措施。对于单侧排列的书架，可采用非对称光强分布特性的灯具（光线投射至书架），不仅可使书架取得良好的照明效果，而且也不会对阅读者产生眩光干扰。

第四章　室外照明设计的应用研究

第一节　城市道路照明设计

一、城市道路分类及照明要求

一个城市的交通网犹如城市的血管，特别在夜间，交通情况的好坏直接影响着整个城市的血脉是否通畅，而道路照明的照明质量直接影响居民夜间生活的质量。

城市道路由各种类型、各种等级的道路、交通广场、停车场及加油站等设施组成。在高度发达的现代化城市，城市道路还包括高架道路、人行过街天桥（地道）和大型立体交叉工程等设施。而由城市道路的长度、路网密度、等级结构、布局、设施等形成的供道路交通运行的系统则被称为城市道路系统。因此，与公路相比，城市道路的组成更加复杂，功能也更多一些。

在研究城市道路照明设计时，首先要明确一点：道路照明的基本功能是要保证在城市道路中所发生的一切活动能够安全顺利完成。对于在机动车道行驶的车辆，其驾驶者能够对路况敏捷地做出各种反应，能够清晰地阅读各种交通标识，这些良好的可视条件均来自完善的道路照明。对于在非机动车道上慢速行驶的自行车以及人行道上的行人，其照明应保证人们对各种街道特征的辨认和识别，对过往行人和车辆的认知，对各种指示路牌和交通标志的辨认。

在机动车道上行驶的车辆一般有：汽车、电车、摩托车；非机动车道一般行驶的是自行车和助动车；人行道上则布满公共设施，如步行道灯或车行道灯、垃圾箱、行道树、交通标志、公交车棚、广告、电话亭、电器箱及变压器等；道路中间隔离带则布置有绿化、交通标志、灯杆、广告箱、行人安全岛等。

根据城市道路的性质、断面形式、路面宽度、机动车和非机动车流量，城市中的道路一般分为高速路、主干道、次干道、支路和交叉口与城市立交。

（1）高速路（城市环线、高架）。高速路是为较高车速的长距离行驶车辆而设置的，路面宽度一般为 40 m 左右。一般对向车道之间设有绿化带。此类道路的照明设计应以保证驾驶者在整个途中的安全性和视觉舒适性为前提。

（2）主干道。主干道是城市道路网的骨架，主要连接城市各主要分区，以交通功能为主，路面宽度一般为 50 ~ 60 m。主干道是城市的繁忙地段，包括各种混合的交通条件。足够和均匀的照度是主干道照明的基本要求。

（3）次干道。次干道的照明设计与主干道相比，要求会低一些。但是由于次干道大部分仍然是混合型的交通，充分而均匀的照度才能保证安全性和安全感。一般而言，次干道的宽度比主干道要窄，因此灯杆的高度会低一些。这就要求灯具的反射器必须有精确的设计，保证光照的良好分布。

（4）支路。支路是指通向城市居住区的各种道路，主要的使用者是城市居民，同时供各种机动车和非机动车行驶，其速度较低，驾驶员观察路面情况的时间较充分。因此，支路的夜间照明要求除了道路表面的亮度，还要满足行人的视觉要求：确定方向，观察障碍物，识别其他人的步行方向以及面部，看清街道标志和门牌号码，注意站牌、垃圾箱、消防栓、路边石等公共安全设施。

（5）交叉口与城市立交。在当今现代化城市，由于城市车辆的数目激增和道路的拥堵，各种交叉口与城市立交已成为城市发展的普遍设施。比起其他类型的道路照明，由于交叉口与立交桥上的交通流量大、密度高，因此照明的亮度要求较高。此外，城市立交通常为曲线交错，又有多个出口，而每个区域的立交设计又区别很大，所以立交的照明方案没有定律。

立交的照明常常采用高杆照明方式，为达到照明设计标准，应注意选择合适的光束，推荐选用场地照明和泛光照明的灯具，应注意灯杆的间距比其他类型的道路要小一些，而灯杆的高度主要根据立交的高度而定。

二、道路照明灯具及布灯方式

（一）灯具

道路高杆照明灯具是常用的道路照明工具之一。

灯具的布灯方式、高度、间距、悬挑长度和仰角的关系密切。

灯具的安装高度以及灯杆高度主要与路面的有效宽度、布灯方式及灯具的光源功率有关，同时还应考虑灯具的维护条件、节能、经济等因素。一般而言，安装高度越低，总投资越低。但是，降低安装的高度，会增加路灯产生眩光的概率。

灯具的间距与路面的布灯方式、灯具的配光、灯杆的高度、设计的纵向均匀度有关。灯杆越高，间距就可以越大。但是必须考虑路面亮度的变化，因为缩小间距，可以提高纵向均匀度，提高驾驶者舒适感。

灯具的悬挑长度取决于路面的有效宽度、灯具安装的高度。设计时要考虑悬挑长度的结构、造价和美观之间的平衡。

灯具安装时应有适当的仰角，可以增加路面横向照度范围。值得注意的是，仰角过大必定会产生眩光。国际照明委员会（CIE）规定仰角限制在5°之内。

（二）直线路段布灯方式

单侧布置：路面远离灯具的一侧往往亮度较低，为了确保照度尽可能均匀，要注意灯具的有效照明宽度。

对称布置：照度均匀，亮度较高，适用于城市主干道照明。

交错布置：保证道路的均匀照度，但是比单侧布置的灯具占据更多的道路空间。

中心单列布置：对高杆灯具的类型要求较高，要保证两边车道所需照度。

横向悬索布置：减少灯杆在路面所占面积，路面更宽阔。但要避免眩光。

中心双列对称布置：照度均匀，亮度高于中心单列布置方式。

（三）路口布灯方式

交叉路口：交叉路口的照度水平应该高于通向路口的道路照度水平。为更好地识别交叉路口，可利用光色的变化、灯具造型的不同和灯具高度的增加来提示，亦可以利用地形广告牌等环境照明来进行提示。此外，还可以设置景观照明灯具或高杆照明，以提高路面的照度水平。

十字路口：在路口处增加路灯设置，其作用是照亮路口。

T 形路口：路灯的设置尽量避免与信号灯位置的冲突，道路的尽端应特别设置路灯，便于驾驶者识别。

环岛路口：提高环岛的均匀照度为总的设计原则，避免照明死角，同时要保证道路缘石与各个道路入口清晰易识别。

弯道路段：转弯半径不同，布灯方式不同，转弯半径小于 1000 m 的曲线路段，灯具沿着弯道外侧布置，同时要增加灯具数量，悬挑长度减少，并且要避免转弯处的灯具布置在直线的延长线上，造成驾驶者的错觉，引起交通事故。

三、道路照明设计步骤

步骤一：明确道路环境条件。道路断面的形式、路面及隔离带的宽度、道路表面材料及反射系数、曲线路段曲率半径、道路出入口、平面交叉和立体交叉的布置等。此外，还有绿化、道路两旁的建筑物也是设计时必须考察的条件。建筑物与绿化照明时应避免眩光对路面产生的影响。

步骤二：明确车流量与人流量情况。设计师要对道路的车流量、人流量状况有所了解，还要了解这个路段的交通事故率与附近的治安状况，设计前期，对道路的调研工作进行得越全面，后期提供的照明设计方案越具有可行性。

步骤三：根据道路条件，确定道路等级和设计标准。我国的城市道路按照快速道、主干道、次干道、支路以及居住区道路分为 5 级。首先要确定所设计的道路的等级。照明设计标准的制定是根据以往各照明研究机构提供的数据，以及借鉴国内同等级别类似道路的照明设计案例，确定所设计的道路的照明设计标准。例如，中国、国际照明委员会、北美照明学会、日本、德国、英国和澳大利亚都有具体的标准和规范。

步骤四：设计布灯方式。根据行车过程中不同的速度，布灯方式也要有所不同，最好是利用计算机模拟光线对视觉可能造成的干扰。

步骤五：选择光源。根据道路照明的需求和设计标准，选择合适的光源。不同光源有不同的特性，如高压钠灯、LED 灯等，其亮度、色温和能效等方面的特点会影响到照明效果和能源消耗。因此，设计师需要在保证足够照度的前提下，选择适合道路特点的光源。

步骤六：选择灯具。根据选择的光源和道路照明的需求，挑选合适的灯具。不同的灯具具有不同的光分布特性，如聚光灯、投光灯、街道灯等。设计师需要根据道路的具体情况选择最合适的灯具类型，以保证照明的均匀性和高效性。

步骤七：调试与维护。完成照明系统的安装后，需要进行调试和测试，以确保照明效果满足设计要求。并且，在照明系统投入使用后，还需要进行定期的维护工作，包括清洁灯具、更换损坏零部件和及时处理故障等，以保持道路照明系统的正常运行和稳定性。

第二节　步行空间照明设计

一、步行道的分类

光照水平、光源与灯具的类型、光照范围与步行空间的类型关系密切，因此将步行道进行分类非常有必要。

（1）小径、游路。用于人们散步和观赏景观的小路，如公园和城市绿地中的小径。一般而言，路面较窄，并采用卵石或其他材质铺装。照明的级别以符合安全照明为准，营造幽静的散步和观赏环境。

（2）步道、通道。路面比小径要宽，主要是指通向建筑物的入口或某个区域内的导入，如专用步道和通道。由于是过渡性质的人行步道，照度控制在常规水平即可，而灯具的选择，既要考虑建筑，又要考虑与建筑连接的道路之间的协调。

（3）人行道。与城市主干道配合而设置的人行步道，一般而言，路面铺砖简洁，在道路交叉口通过铺装的变化给予行人提示，并且要在人行道上设置专门供盲人使用的盲道。这类人行道的照明设计应以保证行人的安全为基础，在交叉口要设置安全警示照明为好。

（4）居住区道路。主要是指城市住宅区内供行人和非机动车通行的道路和步道，照明的目的主要是确保行人的安全步行、识别行人的面部及能准确识别环境、防止犯罪活动与防止眩光影响住户休息。

（5）滨水步道。指位于水体旁的步行道路，这类步行道的照明除了考虑以上步行所涉及的要求之外，还应考虑水面上灯光的倒影效果。

（6）专用步行空间。诸如商业街、城市广场类的专用步行空间。一般而言，步行空间的形态分为开放型和封闭型两种，开放型空间没有顶棚，封闭型空间有顶棚。为了排除机动车与非机动车对行人的干扰，在城市中设置了许多专供行人休息、购物的休闲空间，如步行商业街、城市广场。此外，还有一些在城市的地下设置的步行空间也属此类，如地铁站中的购物通道等。这类专用步行空间的照明对安全性要求较高，同时还要满足行人对空间中各种信息的准确识别。

（7）高架、天桥步行空间。这类步行空间的特点是人与车采取垂直分离并跨越机动车道，架于两幢建筑之间的步行通道逐渐增多，如中国香港的中环站就是"空中走廊"步行空间设计成功的典范。这类步行空间的照明设计特别强调照度的均匀，此外，要注意高架、天桥步行空间的照明是否影响车行道，尽量避免眩光产生。

（8）人行地下通道。在地下为避免机动车道路而设置专供人过街的通道。照明设计时应注意人从明处至暗处的过渡。此外，在出入口处，应加强安全性和引导性照明设计，保证行人顺利通行。

二、步行空间照明要求

根据行人不同的使用要求，选择合适的照明方式。

安全性照明：一般而言，凡是人流量大的地段和场所，在夜间必须提供充足的照度，如果照度不足，容易引起行人的担心，易导致意外发生。特别是步行道的台阶、坡道以及水体旁，照明设计的安全性放在第一位。除了这些空间的水平照明，还要保证这些空间的垂直照明，垂直方向的树木、建筑外立面作为行人的垂直面参照物，也应给予合适的照度，增强行人的空间感知，提高行人的安全感。

舒适性照明：设计行走空间的照明时偏重安全性的目的，而在设计驻足停留空间的照明时，偏重舒适性的目的。在综合考虑灯具、光源、高度等因素协调之后，应对灯具位置的设计反复推敲，确保不会产生眩光。如投射在地面的光，以柔和舒适为宜，低色温的暖色调光线容易营造安全舒适的氛围。

三、步行空间常用照明方式

（1）下射光：灯具的出光口位于人体高度的上方，给予地面有效而均匀的照度，也可以选择草坪灯一类的低位照明，出光口低于人的视线，虽然这类低位照明会缩小照度范围，但是可以在空间中形成一定的形态，明暗分界线清晰。此外，还有一种地脚灯的使用，也属于下射光的照明方式，为地面提供照明。

（2）上射光：步行空间的上射光主要指运用在对树木和建筑外立面的照明方式。整夜的光照不利于树木的生长，建筑外立面的照明灯具不要影响行人的走动，最好隐蔽在道路之外的区域。

（3）漫射光：如庭院灯向空间中各个方向发射光线，可以营造活泼的照明氛围，但是剐提是不会产生眩光。

（4）重点照明：如广场或步行街的某个节点，将这个区域的照度提高，形成重点区域，此种方式是用于对人流集中的区域，罗马著名建筑万神庙前的广场，到了夜晚成为人们聚会吃饭的户外客厅，广场的整体照度要满足用餐需求，采用重点照明的方式更好＾。

四、步行空间设计注意事项

（一）城市人行道照明

通常高杆路灯主要用于机动车道的照明，中等高度的步道灯主要用于人行道的照明，高度在 3.5 ~ 6 m 之间，低矮的柱灯主要用于人行交通横道的警示照明。

灯具的选择，注意一定要附加遮光器，不仅可以防止眩光，而且可以对光进行重新分配和限定，将绝大部分的光照直接投向人行步道。

人行步道还有一种经常使用的灯具，叫安全岛灯。它可以单独设置，也可以结合人行指示标牌综合设置，在人行交通的转换处或人行斑马线处设置，或是在人行地下通道的出口到城市干道的接合处，提醒人们注意道路方向的改变。

（二）居住区步道照明

居住区照明设计更加注重安全性的功能。如果道路的照度低于安全标准，犯罪和交通事故发生率就会增加，带来一定的安全隐患。

居民区的照明形式，除了水平照度，还需要垂直照度和半柱面照度，均要达到最低标准，否则人的面部识别不清，很难分辨人的行为意图。此外，要防止居住区内的路灯直射向住户的窗户，有效减少光污染对人的危害。

（三）滨水步道照明

当步道与水面接合，行人一般在这种步道上的移动速度较慢，常常驻足观赏景观，因此人流相对集中。除了要考虑行人的因素，还要考虑照明设计对水面的影响，因此，这种步道照明设计要考虑以下几点：其一，步道灯的造型是否与对岸景观相协调；其二，水中倒影与中间层次的光点韵律；其三，安全照明与景观性照明结合。

（四）商业步行街照明

商业步行街夜景构成世界上很多鼎鼎有名的步行街，如东京的银座、巴黎的香榭丽舍、上海的南京路、北京的王府井，商业步行街俨然已成为城市形象的载体。商业步行街照明的好坏直接影响步行街的商业形象。商业步行街照明设计主要协调建筑物外观照明、街头、橱窗、标识、广告牌的灯光之间的关系。

（五）人行天桥、人行地下通道照明

人行天桥的夜间照明应有效控制亮度和眩光，避免对桥下的机动车交通产生不良影响，同时要协调好天桥上下行阶梯的亮度和均匀度，保证行人的安全。人行天桥的平均照度应维持在 5 lx 以上。

对于自然光重组的人行地下通道，如果是较短的直线通道，白天可以不设照明，夜间宜在照度较低的通道出入口设置照明，保证上下台阶的亮度，白天又可起到引导人流的作用。通道内的平均照度，夜间控制在 20 lx，白天控制在 50 ~ 100 lx 范围内为宜。

（六）广场照明

广场是城市中人流相对集中的地方，夜间的使用多半是为了休闲和集会。广场照明应该归属于场地照明，但是在其周边界面的光环境，如建筑物、道路、景观的照明共同作用下会产生综合的视觉效果。

目的之一：容易识别。广场照明应该强化步行者对开阔空间的认知，灯具的布置和尺度应该与广场所在的城市与建筑设计相协调，灯具选型和灯位布置要避免遮挡视线。广场中的标志物，如喷泉、雕塑、旗杆或标志性建筑在夜间常被作为视觉焦点，其照明设计应该更为突出，如世界著名的建筑物卢浮宫前的玻璃金字塔广场。当人们在广场中步行移动时，标志物的照明起

着定向作用。

目的之二：符合照度值要求。广场的可见度、亮度分布和气氛照明是塑造广场夜景形象的基本照明要求。由于广场的尺度较大，区域划分较多，因此在整体规划照明图式时，往往采取分等级、分层次的方法进行照明设计。这种方法，不仅能保证重要区域的亮度，也能把握好光线的节奏，打破千篇一律的视觉效果，广场中植物、休息椅、地面的照度水平明显有区别，照度不低于 5 lx，也不宜超过 20 lx，出入口或者标志性景观的照度水平为 20 lx 左右即可。

第三节　建筑物外观照明设计

一、建筑物外观照明要点

建筑物的外观照明设计，除了对光源的色彩以及光效等艺术特征的考虑，还有许多关乎照明方式以及照明设备的问题应该考虑，如墙面材料对照明方式与光照强度的关系，以及透光灯具的遮光器与滤镜的选择、眩光的控制等因素。

（1）灯位的控制。一般而言，灯具安装的位置可分为三种：一种是灯具被安装在建筑上，另一种是灯具被安装在地面上，最后一种是灯具被安装于相邻建筑上。

（2）吸收与反射。亮度作为一种主观评价和感觉，表示发光体单位面积上发光强度，用来表示物体表面的明亮程度。但是光源对物体单位面积的照度不等同于物体的亮度，即使同样的照度照到不同材质与色彩的物体上，由于物体的吸收和反射光线的系数不同，物体的亮度肯定不同。

（3）光源、滤镜与显色性。选择光源时，要考虑到建筑材料的色彩，如果被照材料颜色偏暖，使用高压钠灯比较合适，而对于白色和冷色调的金属被照面，则选择金卤灯比较合适。

（4）眩光控制。当建筑物泛光照明灯位确定以后，必须要评估光源是否引起眩光问题，如果引起眩光，要使用一些灯具配件降低或消除物理性眩光，此外，还要考虑这些配件是否影响灯具的美观。

通常，建筑物外观照明灯具有四种配件。遮光板主要用在宽配光和中宽配光的泛光灯具中，能较好地控制从灯具侧面和前方射出的光线，同时遮光板可以根据现场情况调节角度。固定罩对于窄光束和聚光灯较为有效，从上部和下部控制光线，不影响灯具出光方向。完全遮光罩，当灯具配光是窄光或聚光灯时，它可以有效遮蔽各方向的光线，完全遮蔽光源。格栅主要遮蔽光源和反射器，但是格栅设计要求较高，格栅的片量、间距、角度等都是影响照明效果的关键因素。

（5）光与材料。当光传播到某种建筑材料表面时，要么被吸收，要么被反射。因此，受到光照的建筑物表面由于材料特性的不同呈现出不同的面貌。在设计建筑物外观照明时，要充分利用这些特点，更好地控制照明效果。光与材料的色彩、表面的光滑程度、反射强度、透光性都有直接的联系。

二、建筑物外观的常用照明方式

（一）整体投光

整体投光是建筑物照明的基本方式。它是将投光灯安装在建筑物外，直接照射建筑物的外立面，在夜间重塑及渲染建筑物形象的照明方式。其效果不仅能显示建筑物的全貌，而且能将建筑物的造型、立体感、材料的颜色和质地、装饰细部等同时表现出来，这种照明俗称泛光照明。

设计师常选择卤钨灯、金卤灯、高压钠灯等专用的大型投光灯具。投光照明是最基本的建筑物外观照明方式，但不是唯一的方式。

此外，设计师应注意灯具立杆的位置对建筑物白天外观的影响，而对玻璃幕墙建筑特别是隐框幕墙，不要用这种照明方式；还应特别注意防止光污染，即多余的未照射到建筑物上的光投向了天空所形成的光雾。

（二）内透光照明

内透光照明方式是利用建筑室内光线向外投射所形成的建筑照明效果。

通常有三种途径，一种是利用室内的灯光照明，晚上不熄灯，通过玻璃幕墙投射内部的光线；另一种是在室内近窗处，如玻璃幕墙、柱廊、建筑透空结构或阳台等部位设置照明设施；最后一种是改变墙体的投光孔大小，使得建筑内的一部分光线透出墙面，建议使用荧光灯、白炽灯、小功率气体放电灯等，这类灯较为省电，维护也方便。

（三）局部投光

将小型的投光灯直接安装在建筑物上，照射建筑物的某个部分，我们把这种方式称为局部投光照明。一般建筑物的立面有凸凹部分，建筑表面的这种较大起伏，为灯具的安装提供便利条件，灯具与建筑体的结构结合，主要投射在表现建筑主要形态和结构的部分，如柱子、屋檐、屋顶、拱廊等部位。设计局部投光效果时，要考虑灯具的体积和建筑体量之间的关系，尽量隐蔽灯具，藏于建筑结构中，可以有效避免光源产生的直接眩光问题，又不会破坏白天建筑的外观。

（四）轮廓照明

用单个光源、串灯、霓虹灯、镁氙灯、导光管、线性光纤、辐射管等勾勒建筑物的轮廓，这种方式特别适用于轮廓简洁的建筑群照明。对于轮廓丰富的古典建筑或民族建筑照明，可采用轮廓照明与局部投光照明结合的方式表现，既有屋面的泛光表现，又有屋顶曲线的勾勒。

（五）装饰照明

为了在节日庆典等特殊场合营造热烈、欢快的喜庆氛围，可以利用灯装饰建筑物，加强建筑物夜间的艺术表现力，建筑的屋顶和窗户经光带装饰后，更显酒吧的热闹氛围。

设计师可用光纤、白炽灯、霓虹灯等光源装饰店面和建筑入口，著名的巴黎埃菲尔铁塔作为巴黎的地标景观，运用高光通量的暖色金卤灯安装在钢架上，使得整体均匀照亮，同时安装一些冷色 LED 灯，整点时，这些如繁星般不规律分布的 LED 灯就会亮起来，形成非常浪漫的装饰效果，令人对浪漫之印象更加深刻。

（六）LED 动态照明

随着 LED 单体光通量的提升，其节能、色彩变化丰富、体积小、容易组合和安装、使用寿命长等优势，越来越多地应用到建筑物的外立面照明。

通常可以通过电脑终端控制 LED 的颜色和图形，形成震撼的视觉效果，使得建筑异常醒目。只是，高质量 LED 光源的成本要高于普通类型节能灯数十倍。

第四节　景观照明设计

道路和建筑物共同构成了城市的基本骨架，而填充于其中的便是城市的景观环境。景观性照明主要是为烘托城市夜间气氛和宣传而设置，如植物与花卉照明、喷泉与水面照明、城市雕塑照明、广告照明和城市节日灯饰等。灵活性较大，强调灯光的创意设计是这类对象照明设计的特点，而使用动态灯光和照明控制技术，为这城市中的景观照明带来丰富的视觉效果。

一、景观的概念认知

不论是西方国家还是在中国，"景观"一词虽然应用得十分广泛，但关于概念很难进行清晰表述。1989 年《辞海》缩印本出版，其中针对"景观"一词给出的释义为"地理学名词"。

一般概念：主要广泛指代地表上的自然性景色。

特定区域概念：专门指代自然地理区，即指代在自然的地理区划中，基本的或者是起始的区域单位。这些区域在发生上表现得相对统一，形态结构也比较类似。

类型概念：主要指外部特征比较相似的，可以归为同一类型的相对隔离地段，是一种类型单位的通称，如草原景观、荒漠景观等。

在景观学中，对"景观"这一词汇，主要采取的是特定区域概念所说的定义。

从东晋起，我国山水风景画已经不仅仅局限在人物画的背景内容，开始独立成为一门国画门类。随之，艺术家们开始针对山水风景展开研究，关于山水美学的理论不计其数，中国山水园林的至臻至美也是由此发展而来。在文学艺术家的研究和实践中，景观是作为风景的同义语使用，并且一直沿用下来。

在地理学家看来，景观只是一个科学名词，主要指一种地表的景象，或者是一种综合的自然地理区，具体指代一个类型单位，如森林景观、城市景观等，可作为类型单位的用法。

在艺术家看来，景观就是风景，是进行表现和再现创作的对象；在生态学家看来，景观又有所不同，他们认为景观是一个生态系统；在旅游学家的眼中，景观就是资源；在建筑学家的应用中，景观则是作为建筑物的背景或者配景存在。

一般来讲，景观在生活中更类似于城市中的街景立面、园林绿化以及霓虹灯等，是被开发商以及城市美化运动者自行同步创造出来的，他们甚至还把景观打造成小品，但并不能完全代表其本来的含义。

二、景观绿化照明

植物和花卉是景观照明中最富自然和戏剧化的表现对象，其夜间照明不仅为整体空间提供功能性补充照明，本身也极富艺术性。为了更好地配合建筑与景观照明设计，首先我们要了解植物的基本形态、植物的观赏特点，其次要掌握绿化照明的方式和设计手法，理解常见植物种类，以及其对应的外形特征。

按植物学特性分为四类：

乔木类：树高 5m 以上，有明显发达的主干，分支点高。5～8 m，小乔木；如梅花、碧桃等；8～20 m，如樱花、圆柏等；20 m 以上，如银杏、毛白杨等。

灌木类：树体矮小，无明显主干。其中小灌木高不足 1 m，如紫叶小檗、黄杨等；中灌木约 1.5 m 高，如麻叶绣球、小叶女贞等；高 2 m 以上为大灌木。

藤本类：茎弱不能直立，须借助其他物体攀附在上生长的蔓性树，如紫爬山虎、凌霄等。

竹类：地下茎与地上茎情况又分为三类。单轴散生型，如毛竹、紫竹、斑竹等；合轴丛生型，如凤尾竹、佛胜竹等；复轴混生型，如苦竹等。

按观赏特性分为六类：观形、观枝干、观叶、观花、观叶、观草。

植物照明设计要点如下：

照明方式选择：上照光和下照光是绿化照明的两种基本方式。光线从下向上照亮植物，与我们白天看到的植物受到阳光的照射效果完全不同，夜景效果更加具有戏剧性。但是要注意眩光。光线从上向下对植物进行照明，可以增加树叶的生动，模拟月光照射的效果。

光源的选择：一般植物照明使用最多的光源有白光（包括金卤灯与高压汞灯）、绿光（金卤灯）和黄光（高压钠灯）等几种。高压汞灯照射绿叶植物效果最好，因为高压汞灯的短波辐射较多，被照物体的蓝绿色得到较好的显现。对于黄绿叶植物，应选择金卤灯。它的绿色光较多可以改善黄绿叶植物的黄色部分，看起来更绿。特殊情况时如秋天银杏树的照明，应选择白光金卤灯，为了增强金黄色的感受。同样红叶植物应选择金卤灯照明，效果比选择绿光照明更优。

灯具的类型、位置、高度的配合程度：通常使用小型投光灯，从下向上照亮小型落叶科植物；如果是高大的植物，可选择高杆灯由上往下照射，注意防止眩光，模拟月光洒向树叶后，投射到地面的光影效果。

三、景观水体照明

水体是景观设计中经常使用的元素，它给环境带来灵动的色彩。景观设计中水体包括自然溪流、池塘、瀑布、喷泉等。夜景照明使得光、水以及光在水中的倒影相互映衬，带给人们不同于白天的赏心悦目。

水体照明设计需要充分考虑到水光在水中的效果，主要有：其一：光在水中的折射效果。其二：光在水中的散射效果。其三：水花的光照效果。其四：平缓水流的光照效果。

灯具的位置的选择：根据水体的高度、水体的类型与排列方式选择灯具的安装位置，切记避免眩光。

水体类型的分析：瀑布，要根据瀑布的高度、水流的缓急、水花的大小来选择合适的照明方式。喷泉，根据喷泉的数量、高度、喷口的间距或音乐的节奏，控制灯具的位置、色彩和间距。水池又分为静态和动态，选择水下照明要注意防止眩光，水上照明要注意池边道路和水面的明暗对比。

光源的选择：白炽灯是水体照明使用的主要光源，这种光源易于控制，可以调节电压，以满足不同的要求。另外还可以选择石英卤素灯、12V PAR 灯，因其体积小，输出光强较高。高大的水体使用点光源，短距离较宽的水面或水体使用泛光灯。

灯具的选择：水下灯具与一般灯具不同，灯具使用的材料以铜、不锈钢或黄铜为主，灯具本身完全密封，以防止水进入光源部分。水下灯具是依靠其周围的水来散热，必须设于水下，但对于水上灯具，尽可能接近水面。

四、雕塑、广告与标志的照明设计

虽然雕塑、广告与标志等类型景观的照明设计方式较为灵活，但是更能体现灯光的可塑性和艺术性表现力。

（一）雕塑照明设计要点

雕塑照明的用光方式可以分为主光、辅光、背景光三类。而欣赏雕塑一般分为两种情况：一是 180° 视角观看，一是 360° 视角观看。后者照明设计考虑的要素较多，灯位的选择、投射角度、光源的遮光都是关键，特别是防止眩光对观看者视线的干扰。

（二）广告与标志照明设计要点

户外广告与标志的照明已构成了城市景观的重要部分，也是现代城市居民获取信息的最直接通道。因此，广告标志也成为城市公共空间的功能性辅助照明。标志照明除了居于传达建筑信息、步行方向指示、交通指向等功能性作用外，其艺术性与功能性的结合，成为城市夜景中的符号性照明。

（三）广告照明类型

霓虹灯：由于其艳丽的色彩、动态的变化，在夜间能达到其他平面户外广告没有的效果，起到很好的广告效应。

投光照明：将灯具安装在广告牌上方或下方进行投射照明，使用的光源有卤钨灯、荧光灯、显色性改进后的汞灯和金卤灯几种。

大屏幕显示屏：利用单个发光器单元组合成大面积的视频显示系统，用于广告显示，不仅画面亮度高，色彩鲜艳，而且可以显示动态画面和文字。单个发光器种类很多，主要有发光二极管（LED）、阴极射线管（CRT）、白炽灯显示屏和液晶显示屏。

光纤：广告光纤照明具有传光范围广、重量轻、体积小、用电省、不受电磁场干扰，而且频带宽等优点。广告画面图像清晰、色彩鲜艳，而且图像在电脑控制下变幻无穷。光纤标志照明由于体积小、视距大、醒目等优势，从而开创了户外媒体广告的新形式。

导光管：将光倒入广告或道路标志灯箱内进行照明，这种广告画面图案清晰、色彩鲜艳、检修方便，维修人员在地面即可检修光源。

灯箱：灯箱广告和标识，特别是柔性灯箱广告具有独特的优势。灯箱的透光材料为胶片、磨砂玻璃、漫透射有机玻璃板、PC 板等。这些材料具有高透光性、强度高、防紫外线和抗静电等性能。

隐形广告和标识：利用隐形幻彩颜料绘制的广告或标识。它在自然光照射下不能显其图案，只有在用紫外光照射时，才能显现其色彩和图像。在国外不少地方已运用这种特殊的广告媒体，创造出意想不到的装饰效果。

第五章　旅游基地的
灯光照明设计应用研究

第一节　旅游溶洞景观灯光创意设计

一、九龙洞景观灯光创意设计

位于贵州省铜仁市城东 17 公里的骂龙溪右侧观音山山腰，是贵州省首批确定的十大风景名胜之一——九龙洞。这个壮丽景区以其峭壁嶙峋、雄奇险峻和满山的翠竹闻名。游客进入九龙洞，仿佛进入了一个广袤恢宏的世界，洞内呈现出七个宽敞的大厅，洞长高达 2258 米，总面积约 7 万平方米。这个景区一直向游客敞开着四个不同的景点，使人们得以领略其中的壮丽美景。

（一）设计思路

九龙洞景观设计以科学性与实用性为重点。通过整体灯光效果的动静、明暗、色彩结合，运用声音、灯光、雾化、投影等高科技手段，展现其空间美、层次美和形态美。同时，景观与文化创意相融合，使观赏性与参与性相得益彰，为游客带来丰富而实在的游览体验。经济性方面，景观设计充分利用高科技手段多角度展现美景，提升游览效果，最大限度地发挥资源利用效益。观赏性方面，灯光效果不仅雅致而不单调，还充满艳丽的魅力，吸引游客驻足观赏。景点布局与大景区的协调增加了参与性，使游客能够更好地融入其中，提升游览体验。同时，设计考虑了游客需求与心理预期，确保游客满意度与体验质量。

（二）效果创意

根据九龙洞的自然特点，将九龙洞景观灯光划分为四大景区，分别是印象铜仁、梦幻桃源、历史足迹、动感九龙。

1. 印象铜仁

在铜仁市郊，有一处独具特色的景点——九龙洞洞口大厅。这个大厅地势平坦宽阔，虽然高度不足，却能让游客尽情欣赏洞内的壮丽景观。为了保护自然景观，设计者巧妙地设置了帷幕，不仅保湿，还增加了神秘感。这层帷幕巧妙地将美丽的景色与游客隔绝，让人产生好奇心，想一探究竟。而帷幕的背后，播放着铜仁地区的人文景观视频，使游客在等待时也能了解当地的历史和文化。一旦进入洞口大厅，游客会被灯光表现手法所吸引。灯光的运用巧妙出其不意，虚实结合，给游客带来"惊艳"的第一印象。这种灯光的照射，使得整个大厅瞬间变得神秘起来，宛如进入了另一个仙境。

游客进入大厅后的体验过程也十分独特。伴随着古乐的声音，画外音中传来古色古香的《铜仁赋》诗句，仿佛时光倒流，使人穿越回古代。一幅幅美丽的铜仁画卷展现在帷幕上，仿佛让游客置身于绘画之中。然后，帷幕慢慢升起，展现眼前的是洞内的实景，景色如诗如画，美不胜收。伴随着典雅的乐曲，游客仿佛穿越进了这些画卷之中，而帷幕的消失更添真实感，让实景映入眼帘。这个奇妙的体验让游客流连忘返。在九龙洞洞口大厅，游客可以欣赏到自然美景，感受到古代文化的博大精深。这里的设计独特巧妙，使得整个参观过程成为一段难忘的旅程。每一位游客都仿佛成为了铜仁画卷的一部分，与这片神奇的土地融为一体。

2. 梦幻桃源

该景区位于一座略斜的平顶洞内，洞内景致瑰丽，别有洞天之感。游客一进入其中，便会被眼前的美景所震撼。游客会注意到洞内的石柱，巍峨挺拔，仿佛一支支巨大的石笔，点缀在洞穴的右侧，形成石柱林立的壮观景象。而在洞穴的左侧，石花盛开，五彩斑斓，如同一幅幅绚丽的画卷。游客们仿佛进入了一个神奇的石花园，身临其境，感受到大自然的鬼斧神工。除了石柱和石花，景区还以两个特色景观而自豪：一是名为"宝塔"的奇妙景观，它高耸入云，宛如一座古老的塔楼，给人一种庄严肃穆之感；二是"长剑"，状若出鞘的长剑，刀削般挺拔，让人不禁产生敬畏之情。

为了增添景区的灵气和幻觉效果，管理者们设计了两个令人惊叹的设想。在中央大厅修建了一个蓄水池，并巧妙地运用灯光，使洞内的石柱、石笋和石花倒影在水面上，营造出动画世界般的幻觉。当游客仰望倒影，宛如置身于神奇的童话世界中。在洞穴的暗河处营造了雾化效果，形成云雾缭绕的景象。游客们仿佛走入了缥缈的仙境，与幻境般的景色交相辉映。这种灵动的雾化效果给景区增色不少，让游客们流连忘返。整个景区的主题呈现了壮观幻境与真幻交融的特点。借助倒影效果展现出石柱、石笋和石花的壮观之美，同时通过雾化效果营造出神秘幻境的氛围。游客们在这里仿佛置身于真实与幻想的边界，迷失于一个充满奇幻与梦幻的世界。在这样的氛围中，游客们可以尽情体验"亦真亦幻亦迟疑，舒卷由来不可知。唯有天空从海阔，绵绵吐纳任长期"的意境，感受到梦幻桃源般的美妙。

3. 历史足迹

在这个迷人的景区里，洞顶悬挂着千姿百态的石幔，宛如玲珑的艺术品，形成了一幅密集的网状石帘，美轮美奂，仿佛云山雾岭，霓障霞峰般的壮丽景色。沿着左侧的"仙人床"，游客可见到一幅轻纱缥缈的景象，仿佛置身于梦幻世界；而右侧的"翠竹"丛中，则是一片青翠欲滴的绿色景观，随风摇曳生姿。整个景区还拥有着白如玉石的钟乳和青似黑墨的石柱，它们被赋予了如诗如画的名字，如"独立寒秋""二乔争艳""海花叠翠""玉柱银花"等，为这片自然美景增添了几分神秘与诗意。

这个景区不仅是自然的奇观，更是地方文化与自然景观融合的杰作，使得自然景观拥有了独特的灵魂，让游客在赞叹大自然的同时，也感受到了深厚的文化底蕴。铜仁作为一个历史名城，诞生过无数名人，他们的思想和智慧影响着这片土地上的文化。这种历史底蕴也在景区的设计中得到了展示，特别是在采用发光地板砖的设计上。游客沿着印有脚印的发光地板砖前行，仿佛踏着历史的足迹，增添了参观的趣味和新奇感。

而进入景区的时候，景灯会熄灭，只有足迹亮起，如同一条光明之路，引导着游客前行。当游客踏入观景台后，灯光忽然亮起，呈现出绝美的景色，仿佛进入了另一个神奇世界。为了更好地引导游客，脚印还根据观景台的设置划分成几段，并使用不同颜色的脚印来表示不同的区域，让游客更加轻松愉快地探索这片神奇的景区。

4. 动感九龙

九龙洞景区洞厅的宏大程度令人难以置信，竟能容纳万人之众。这片洞厅被誉为全洞的精华，是整个景区最引人注目的地方。进入其中，人们会被那两侧高耸入云的石柱所震撼。这些粗壮雄伟的石柱共有六根，每根高 30 余米，其中一根更是高达 44.78 米，堪称全世界第二高的石柱。石柱的表面布满着精美的石花雕刻，仿佛将整个洞厅装点成华美庄严的宫殿。洞内的景观更是丰富多样，让游客目不暇接。一处处景观如"孔雀开屏""青龙盘柱""蟠桃献寿""金壁玉菇"等，美不胜收，让人流连忘返。而令人惊奇的是，洞中竟然还有一条清澈的暗河，宛如一条幽静的明珠穿越洞底。河水急泻而下，形成飞瀑奇观，给整个景区增添了几分神秘之感。

九龙洞景区的设计也充满了高科技的魅力。通过巧妙的手段，将石柱、空间、层次、声、光、雾、雨、龙等元素有机结合，表现出"永恒""生命""龙之舞"等主题。整个景区分为"永恒""生命""龙之舞"三个乐章，使得历史仿佛在游客眼前重现，时间凝固，营造出永恒的氛围。

第一乐章："永恒"。在寂静黑暗的环境中听着舒缓的音乐伴随着导播词："这些高大的石柱犹如历史的肩膀，承载重重的岁月，经受了千万年的磨砺，封存了长久的渴望，它们向我们每一位游客阐述着一个哲理：持续将造就永恒，世间万物何尝不是经历了千万年的洗礼方成就今日的光彩与辉煌的呢？"

第二乐章："生命"。黑夜细雨绵绵，清晨天空见晓，薄雾冥冥，展现日出日落，繁星满天，明月当空由缺到圆的场景。

第三乐章："龙之舞"。音乐由舒缓变得欢快，云雾中九条龙腾空而起，排山倒海，与石柱融为一体，在欢快的节奏中，石柱也伴随着频谱的节奏舞动起来。音乐频谱技术是国内溶洞灯光工程首次采用，成为溶洞灯光工程成功的案例

（三）供电系统

（1）九龙洞的电源线路由市电引入，至变压器后经配电柜后分成四路主线，三路电源线路为洞外照明、监控、收费系统等设备用电，一路线路经电缆引入至岩洞供洞内用电设备。

（2）本工程供电等级属于二级，供电系统采用独立的双回路供电系统，三相电压 380V+5 ～ −10%。

（3）选择 150 GF 发电机组作为应急电源，保证正常游览。

（4）项目设计容量为 200 kVA。

（5）节能措施：该系统采用了节能的 LED 光源和 PLC 计算机控制技术。

单批游览时运行消耗电能约 20 度电，节能效果显著。

（6）本工程供电系统采用 220/380 V 三相五线 TN-S 方式。洞内主线路采用 VV22 系列铠装铜电缆，分支线路采用 YZ 系列橡套电缆。

（7）线路采用靠洞壁脚隐蔽敷设，线路尽量远离游览道；保证安全，美观，自然，协调。

（四）控制系统

九龙洞照明控制系统选用 12 台 PLC 可编程序控制柜组成闭环系统。控制系统达到以下要求：

第一，控制方式灵活多变，调整方便，快捷，易实现声光电变化。

第二，控制系统安全可靠，具有自动／手动功能，防潮性能好，可在高湿度的环境下长期工作。

第三，采用磁控操作方式，磁控结构合理、稳定可靠。

第四，系统设置规范游览程序（景灯、路灯分段控制和变化）。游览高峰期采用景灯全线开和全线关程序。

（五）道路照明

第一，洞内道路设置道路照明，确保游览道路照明能为游客创造良好的视觉环境，达到保障安全，方便游客。

第二，道路照明符合安全可靠、技术先进、经济合理、节能环保、维修方便的原则。

第三，道路照明灯具安装高度为 400 mm 视情况一般按 3000 mm 间距，有规律设置在游览道路的一侧。

第四，采用截光型灯具，其光束扩散角合适，并指向路面方向，不指向景观方向，选择安装挡光板灯具，不产生眩光。

第五，光源采用小功率节能灯，灯具效率大于 70。

第六，路面平均照度符合 CIE 有关规定，根据溶洞特点，本工程道路平均照度为 5 lx，路面最小照度 1 lx。

第七，道路照明配电系统的接地形式采用 TN-S 系统，灯具外壳可以保护接地。

（六）电源防雷

九龙洞电源系统采用三级防雷保护措施：

第一，在配电柜的电源进线端，安装一套 WTO-100 三相复合型电源避雷器作为电源防雷电感应的第一级防护装置。

第二，在配电柜的四路出线端的空气开关上各安装一套 WTO-B 三相电源避雷器，作为电源防雷电感应的第二级防护装置。

第三，在岩洞内的 PLC 控制柜进线端，安装一套 WTO-C 三相电源避雷器。作为电源防雷电感应第三级防护装置。

第四，在监控室的电源分配电箱开关处，安装一套 WTO-C 三相电源避雷器，作为电源防雷电感应的第三级防护装置。

第五，本景区共设置有 16 台摄像机，分别在摄像机的前端安装 WTOX 系列三合一信号电涌保护器，作为摄像机的浪涌保护。

第六，接地系统的接地装置由水平接地体及垂直接地体组成，水平接地体由 -40 mm × 40 mm × 4 mm 镀锌扁钢制作，垂直接地体由 Z50 × 5 的角钢制作，水平接地体与垂直接地体通过焊接组成闭合环形，与变压器接地网共用。接地电阻不大于 4 欧姆。

（七）拼接大屏幕

九龙洞景区的大屏幕是一项重要的创新工程，它的尺寸令人印象深刻，宽达 38 米，高 5 米，为观众提供了广阔的视觉体验。该大屏幕采用了先进的技术构成，由不锈钢自动双导轨机构和双拉幕组成，这样的设计保证了屏幕的稳定性和可靠性。其采用三台工程投影机平面正投，巧妙地拼接成一个多功能大屏幕，从而使图像能够完全融合成整体，无缝隙，且物理分辨率达到了单台投影机的 3 倍。这一大屏幕的特点之一是图像区的弧长达 15 米，高度 5 米，这在国内可谓罕见。观众可以获得更加震撼和身临其境的视觉体验。

最令人瞩目的是，整块大屏幕消除了图像拼接缝和图像色差的问题，彻底解决了上一代 DLP 拼接大屏幕的技术缺陷。零缝显示保证了图像的每一个细节和完整性，实际效果堪称完美。

（八）电子门票

九龙洞电子门票管理系统是一款智能化门票系统软件，旨在综合控制与管理电子门票的售票、验票、查询、统计、报表等功能。该系统的设计使得门票管理变得更加高效和智能。该软件构建了四个关键子系统，每个子系统都承担着特定的功能，确保整个门票管理流程的顺畅运行：

第一，电子门票票务管理系统是核心子系统之一，包含了操作员管理、票务管理、旅行社管理、硬件设置管理和报表打印模块。操作员管理确保了权限合理分配，票务管理细致化地处理门票信息，旅行社管理方便了合作单位的合作，而硬件设置管理则保障了硬件设施的有效运行。同时，报表打印模块能够提供详尽的统计信息，让管理者对门票销售和使用情况一目了然。

第二，电子门票售票系统是整个管理系统的前端，由售票工作站和发卡设备组成。该子系统负责售票、退票、充值、挂失、解挂、违规、签证等一系列操作。用户可以通过这个系统轻松地购买门票，同时也提供了便捷的服务，如退票和充值，让用户体验更加顺畅。

第三，电子门票验证管理系统与特定设备如三辊闸验票机等相配合。它包括三辊闸、检票控制主板、条码阅读器、IC/ID 卡读卡器等。该子系统需要与服务器连接，以实现门票验证。通过这一系统，可以高效准确地验证门票的真伪和有效性，保障景区的秩序和安全。

第四，电子门票财务管理系统是用于监控硬件设备的状态和管理财务数据的重要子系统。它能够显示设备编号、名称以及工业级控制主板的 IP 地址和设备连通状态。此外，它还支持远程开闸、条码信息显示屏统计数字清零和时间校正等功能，确保了设备的正常运行和准确性。

（九）闭路监控系统

第一，采用彩色摄像机，外罩为室外全天候防潮防护罩。录像机配置 1000G 硬盘，可保存 30 天录像信息。

第二，图像信号传送采用视频光纤传送方式，将洞内摄像机图像信号传送到监控室。

第三，监控室设在洞外。摄像机信号通过主机视频切换送到电脑监控器。

第四，设置 480 线摄像机 16 台，光端机 2 台，硬盘录像机 1 台，显示器 1 台。

九龙洞是国家级风景名胜区。九龙洞景观灯光工程是贵州省重点旅游建设工程。文化艺术创意新颖，充分体现地方文化特色。技术先进，设施完善。包括供电系统、控制系统、道路照明、电源防雷、拼接大屏幕、电子门票和闭路监控系统，在国内属于领先地位。成为我国旅游溶洞景观灯光工程新的典范。

二、戏剧灯光在桂林溶洞的运用

戏剧灯光在桂林溶洞中展现出广泛的应用价值，在带来环境景致效果提升的同时也产生了相应的问题。从美学与生态学角度提出戏剧灯光应当在保证溶洞生态系统可持续发展的基础之上，恰当把握运用的尺度，展现桂林喀斯特溶洞的特色性，体现其更加深层的运用价值。

（一）桂林溶洞概述

1. 桂林喀斯特溶洞的特点

桂林，是中国著名的旅游城市，其独特的城市格局以山水相间、山环水绕为特色。这座城市拥有丰富多样的地貌，包含了壮丽的山水和壮观的溶洞等独特景观资源。桂林以其迷人的景色和独特的自然奇观吸引了无数游客前来观光。桂林的溶洞尤其引人注目，它们是典型的喀斯特溶洞，因其幽深、虚幻和神秘而深受众多旅游者的喜爱。

喀斯特溶洞的环境通常相对封闭或半封闭，形成了特殊的生态环境。因此，它们对外界环境变化和人类旅游活动相当敏感，其环境承载力较低。为了保护这些美丽而脆弱的自然景观，桂林当局和游客都需要高度重视可持续旅游发展，以减少对溶洞生态系统的影响。

2. 旅游开发对喀斯特溶洞的影响

桂林溶洞资源丰富，以银子岩、芦笛岩等著名溶洞闻名遐迩。然而，长期以来的旅游活动却给溶洞周边及内部环境带来了巨大的变化。空气质量的变化是影响溶洞内次碳酸钙沉积和景观塑造的重要原因。众多游客带来的热量过大，破坏了溶洞内原本的恒温现象，导致洞内温度的波动。此外，溶洞内风力的变化也导致溶岩景观长期被风蚀，形成各种奇特的洞穴景观。

一个不容忽视的问题是不科学的灯光照明设计。这样的设计降低了洞内的湿度，导致一些小形态溶岩景观脱水、干裂。而这些景观本应是溶洞中独特的自然珍宝。为了减少游客对溶洞的不良影响，可以通过调整开放频率来限制游客数量。然而，灯光的设计也需要科学合理，以有效降低对溶洞环境的影响。只有在综合考虑游客流量和环境保护的前提下，才能更好地保护这些珍贵的溶洞资源，让后代也能欣赏到这自然的奇观。

3. 溶洞中的灯光照明

在溶洞照明的发展过程中，起初阶段采用的光源是简单的火把、油灯和蜡烛。随着技术的进步，聚光灯和煤气灯等新型照明设备被引入，使得溶洞照明逐渐得到改善。科技的不断进步和游客数量的增加推动了溶洞照明的不断发展。如今，白炽灯、卤素灯、荧光灯等不同种类的光源广泛应用于溶洞之中，为游客提供了更好的观赏体验。人们对灯光的追求已经超越了简单的照明功能，开始强调灯光美感，以营造更加深刻的溶洞体验。绿色照明成为一种趋势，材质选择更偏向于生态、环保的照明装置。除了美感，提高照明效率也成为发展的关键。这不仅可以减少对溶洞环境的污染，同时也能节省能源，更加环保。

溶洞作为特殊的生态环境资源，受到了国家的重视和保护。生态保护在照明发展中变得尤为重要，人们在追求美感的同时也要确保对溶洞环境的保护不受影响。展望未来，科学环保的照明手段将会成为主流，实现生态与美感的双重目标。这将使得溶洞照明更加出色，为游客提供更为壮观的观赏体验，同时也不会损害溶洞的生态环境。溶洞照明的不断发展将持续为人们带来新的惊喜和美好体验。

（二）戏剧灯光的特性分析

1. 戏剧灯光的功能性

人类社会的不断发展进步推动了灯光照明的多样化和广泛应用，不仅仅局限于简单的照明功能，而是渗透到生活的各个方面，成为呈现艺术效果的重要辅助元素。光影渲染在展示空间、城市夜景和舞台戏剧等领域扮演着重要角色，它能够点缀和增强空间效果，使得环境更加富有层次和魅力。特别是在戏剧领域，灯光的运用变得独具特色。戏剧灯光作为一种特殊的灯光渲染方式，被用于戏剧活动中，通过颜色和光影的表现手法，赋予戏剧以独特的视觉效果，让观众沉浸其中，获得丰富的视觉感受和身临其境的感觉。与其他形式的灯光不同，戏剧灯光在戏剧表演中扮演着不可或缺的角色，它不仅具有表现戏剧性的特点，还能够营造戏剧般的氛围，加强空间感知，控制时间进程，展现戏剧的动态变化，从而丰富整体的艺术效果。

2. 戏剧灯光的色调

在戏剧中，灯光的色调展现着丰富多彩的面貌，巧妙地变幻着明暗、强弱和色调。这种设计不仅是为了照亮舞台，更是为了烘托出不同情绪与氛围，将观众引入剧情的深处。灯光色调的选择并非随意，它紧密围绕着戏剧本身，以体现客观物象与主观情感的统一。真正的灯光设计大师将情与景相嵌合，使观众在光影的交织中深刻领悟戏剧的内涵。正是这种对不同色调灯光的巧妙应用，成为戏剧成功的重要因素，为演出赋予了魔力，让观众陶醉其中，留下难忘的艺术印记。

3. 戏剧灯光的生态可持续性

随着经济的快速发展，各国普遍面临着不同程度的环境污染加深问题。这一现象促使世界各国转向更加注重生态可持续性发展的方向。人们开始逐渐关注光污染的严重性，因为它对人类健康和生态环境造成了巨大的危害。特别是在灯光的使用方面，节能环保和可持续发展成为了至关重要的考虑因素。

人们开始意识到戏剧灯光与普通照明之间的区别。戏剧灯光不仅需要满足基本的照明需求，更需要注重其节能环保特性，同时还要提供视觉上的观赏性，以增强观众的感官体验。因为戏剧灯光具有生态可持续性的特点，越来越多的设计者开始喜爱并投入到这个领域。持续不断地改进和创新，致力于将戏剧灯光与环保理念相结合。这样的努力不仅令戏剧灯光在舞台上展现出更加绚丽多彩的效果，也为环保事业贡献了一份力量。

（三）戏剧灯光在桂林溶洞中应用现状

1. 戏剧灯光对溶洞景观的影响

在桂林众多溶洞景观中，一个突出的问题是色调选择的单一性。戏剧灯光被广泛用于照亮这些景观，然而大多数溶洞都以红黄蓝绿为主色调，这导致每个溶洞看起来几乎相同，无法突显它们各自的独特特点。缺乏多样化的色调选择使得游客在探索这些景观时感觉缺少新奇感和惊喜，从而影响了游览体验的吸引力。

戏剧灯光使用产生的能量问题也备受关注。由于溶洞景观的脆弱性，这些灯光释放的能量会对生态系统造成负面影响。灯光植物滋生是一个典型的例子。这些植物并非原生于溶洞生态系统，它们的出现改变了溶洞内的沉积环境，对景观的生长产生了不良影响，并且还可能改变钟乳石的颜色，降低景观的游览价值甚至导致钟乳石的损坏。长期的照明活动还会引发溶洞内温度的升高和湿度的降低，从而导致钟乳石出现干裂、脱落等现象，最终对溶洞景观造成严重的破坏。

2. 芦笛岩戏剧灯光现状分析

在桂林市西北郊的芦笛公园内，矗立着一座独特的岩洞，名为芦笛岩。得名于洞口长满芦笛草，这里是中国第一批国家重点风景名胜区之一。游人们穿越洞穴的厅堂，约莫 500 米的游览路程让人们领略到了这个中小型溶洞的独特魅力，而洞内丰富紧凑的景观更赋予了它"大自然的艺术之宫"的美誉。

走进芦笛岩，会惊喜地发现洞内壁上镶嵌着古代壁书，这些古老的痕迹显示了这里古代即是游览胜地的事实，因此芦笛岩也被尊称为"国宾洞"。为了更好地展示这个洞穴的美丽与神秘，洞内采用了戏剧灯光设计。通过灯光的映衬，洞内形成各种意境，使景观成为了一幅幅艺术品，给游人带来了丰富多彩的想象空间和艺术享受。

自 1959 年被发现和开发以来，芦笛岩的戏剧灯光设计不断更新换代，包括 4D 视觉秀和全息投影等科技应用的加入，使得灯光的识别性、设计感及感受更加强烈。然而，也正是由于灯光在演绎奇幻的同时，渐渐违背了景观的特色，洞内静态光源为主、动态光源为辅的设计虽然搭配和谐，但可能导致游客产生视觉疲劳。长期的戏剧灯光照射导致洞内温度升高，钟乳石附近灯光植物滋生，这些变化对洞内生态环境造成了一定程度的改变和破坏。虽然游人们在欣赏壮丽景观的同时也带来了一些负面影响，但保护芦笛岩的自然生态仍然是当地管理部门和游客共同关注的重要问题。

（四）戏剧灯光在溶洞景观中的运用措施

1. 保证生态的可持续性

溶洞开发后，戏剧灯光的使用变得至关重要。然而，由于长期灯光照射可能对溶洞生态系统造成影响，人们必须选择节能环保的 LED 冷光源，以确保环境的可持续性。为了保护受损景观，在其附近安装临时灯光装置，在游客到来时打开，给游客带来惊喜的感官体验。为了展示多样的景观效果，从不同角度使用动态灯光，并将照射时间减少到最低。对于灯光材质的选择非常谨慎，以增强洞内的湿度，并定期更换灯光位置，减少灯光植物的滋生。定期清理和维护灯光植物，以保持灯光的生态性。所有这些措施都是为了确保合理的灯光照明设计，从而更好地保护溶洞的资源和环境。

只有确保溶洞生态环境质量和旅游资源的可持续发展，才能真正实现长远的利益。不仅注重了游客的体验，还密切关注着溶洞生态系统的健康状况。通过选择节能环保的灯光方案，定期维护和保护灯光植物，在尊重自然的同时，为游客带来了独特而难忘的旅程。在保护和开发溶洞这一过程中，以环保为导向，用创新的方式解决了灯光使用所带来的生态问题。不仅为游客提供了难忘的体验，而且为保护地球的未来做出了积极的贡献。通过合理选择灯光照明设计，确保了溶洞的独特魅力得以展示，并且以可持续的方式与人们共享这一自然奇观。

2. 保证与景观的相融性

在设计溶洞内的灯光色调时，需要考虑溶洞的特征，以及如何保持整体的统一性，同时突出景点的独特特色。需要注意的是，应避免使用过于花哨的色调，因为这可能会破坏整体效果，增加光污染并对游客的健康构成危害。利用反射光来展现溶洞景观与倒影的奇特效果。这样可以增加游客的新鲜感，让他们对景点有更深刻的体验。在安装灯光时，需要选择隐蔽的位置，以免影响景观和游客的观感。这样可以保持景观的原貌，并为游客提供更好的观赏体验。

正确的戏剧灯光设计可以突出溶洞景观的美感，加强游客的体验。通过运用灯光的变化和投射，可以将景观呈现得更加生动和迷人。此外，设计人员还应考虑溶洞景观的生态性和可持续发展。灯光设计要尽可能地符合环境保护要求，减少能耗和碳排放。只有在保护和发展溶洞生态的前提下，才能更好地为游客提供丰富的旅游资源和经验。

第二节　互动灯光装置与景区特色开发

科学技术的进步催生了数字时代，也为一种新型艺术形式——数字媒体艺术的崛起铺平了道路。这种艺术形式以其独特的艺术感、科技感、沉浸感和互动感，将艺术与科技巧妙地融合在一起，为观众带来前所未有的体验。数字媒体艺术在不断发展的过程中，涌现了许多令人惊叹的子领域，其中互动装置和灯光装置备受瞩目。这些装置广泛应用于公共空间、博物馆、艺术馆和景区，使观众能够参与其中，享受到前所未有的互动和沉浸式体验。在中国经济腾飞的带动下，文旅产业迅速发展，大量景区纷纷引入灯光装置艺术，满足了人民对休闲娱乐的不断增长需求。

灯光装置艺术的历史可以追溯到 20 世纪 40 年代，然而随着科技的进步，越来越多的艺术家开始将新技术应用于创作中。民众举办的各种艺术活动也为灯光装置艺术的发展和流行提供了推动力。

在国际舞台上，各种灯光艺术展览和节日如德国的多媒体艺术中心展览、澳大利亚的悉尼灯光节、日本的 teamLab 工作室作品等，吸引了大量观众。这些活动不仅促进了艺术与科技融合的美感体验，也推动了城市旅游业的繁荣发展。特别受到社会各界喜爱与支持的互动式灯光装置艺术作品，如 teamLab 的《无界的世界》和《灯森林》，在艺术行业引起了轰动。这些作品让观众深入艺术家的精神世界，带动了艺术行业的进一步发展。

一、国内研究现状

国内灯光装置艺术的发展起步相对较晚，与国外相比存在一定差距。然而，它却以其独特的特点快速吸引了大众的目光。灯光装置艺术强调给观众带来强烈的代入感和艺术张力，使其成为观赏时的一种身临其境的感受。在暗空间中，灯光装置艺术创造出绚丽的光影效果，成为观众视觉上的焦点。不论是在艺术展览中还是暗空间内，它都能持续地展现超强的艺术张力，让观众陶醉其中。近年来，灯光节在国内兴起，吸引了大批观众的喜爱。特别是广州灯光节，作为世界三大灯光节之一，备受瞩目。灯光节成为了人们追寻独特艺术体验的热点。展览馆、艺术馆和博物馆中越来越多地出现了互动式灯光装置。这些沉浸式、互动式的体验深受大众欢迎，使观众能够更加亲身地参与到艺术中，增强了观赏的乐趣。

（一）国内文旅产业发展的整体现状

随着中国人民生活水平的不断提高，人们对休闲娱乐的需求也不断增长，文旅产业迎来了蓬勃的发展。大量的景点、博物馆和公共空间迅速建成，然而部分游客对这些景区的评价并不高。主要问题在于景区同质化现象严重，各类景区的游览内容大同小异。缺乏对当地文化内核的挖掘，导致建筑风格相似，布局缺乏区别，景观规划也显得单调乏味。

由于低水平的重复建设，导致游客在不同景区间缺乏新鲜感，难以激发其高度热情，因此复游率较低。这些问题严重阻碍了国内文旅产业的进一步发展。要实现可持续的文旅产业繁荣，需要在创新和多样性方面下更大的功夫。景区管理者应该加强对当地文化的研究与理解，注重历史与传统的传承，以打造独特的景点和体验，让游客在每个不同的地方都感受到独特的魅力。

（二）夜游产业发展的现状

随着城市经济的快速发展，年轻人已经成为主要的消费群体。在中国，有一半以上的消费发生在夜间，这使得夜经济迅速崛起成为一种不容忽视的现象。而在这个夜经济的大背景下，夜游产业显得尤为重要，并备受社会各界的关注。夜游产业作为夜经济的重要组成部分，各大城市纷纷推出了许多吸引人的夜游项目。以南京为例，其"夫子庙风光带"、西安的"大唐不夜城"、哈尔滨的"冰雪大世界"等项目成为了夜游的热门目的地。这些项目不仅吸引了游客的眼球，而且对推动旅游消费和商圈活力发挥着积极的作用，进一步促进了全时段的文旅产业的发展。

尽管夜游项目取得了一定的成功，但也面临着一些不足之处。灯光装置缺乏科技感，缺乏故事性创意灯光设计，使得夜游项目在体验上略显单薄。游客对于沉浸感和互动性的需求也没有得到充分满足，这导致了一部分游客对于夜游项目的体验感不够满意。注重故事性的创意灯光设计也是至关重要的，通过讲述丰富有趣的故事，为游客带来更加丰富的体验，提升游客的沉浸感和互动性。

（三）文旅产业中数字媒体艺术应用现状

2022 年，中共中央办公厅、国务院办公厅印发了《"十四五"文化发展规划》（以下简称《规划》），《规划》提出"加快发展数字出版、数字影视、数字演播、数字艺术、数字印刷、数字创意、数字动漫、数字娱乐、高新视频等新型文化业态，改造提升传统文化业态，促进结构调整和优化升级。推动文化与旅游、体育、教育、信息、建筑、制造等融合发展，延伸产业链"。规划的印发大大了加快文化产业的数字化布局。

数字媒体艺术是一种新兴的艺术形式，它巧妙地融合了艺术设计和计算机技术，将数字科技、视觉艺术和媒体艺术融为一体。这种"科技 + 传播"的方式为艺术赋予了全新的表达方式。由于数字媒体艺术具有强烈的视听觉表现力、能与观众实时连通、传播渠道广泛且制作手段多样化的特点，因此在国内迅速获得艺术家和普通大众的认可。尤其是文旅产业认识到数字媒体艺术的独特优势，开始广泛应用于宣传和展示领域。数字动画宣传片因其多样的制作风格、独特的动画人物色彩设计和抽象的表现形式，更容易吸引大众的关注和喜爱。这些宣传片具有快节奏、高信息量以及广泛的受众群体特点。数字光影艺术则运用全息投影技术，将蕴含当地文化特色的画作和视频投射到建筑墙面和水面上，为游客带来身临其境的沉浸感和视觉盛宴。这种巧妙的结合使得艺术与科技完美融合，为文旅产业带来了无限可能。

二、互动灯光装置的优势体现

互动灯光装置艺术作为交互艺术、装置艺术和光效应艺术三者的结合，是一种全新的艺术形式。与传统艺术相比，互动装置艺术在设计思维方式、艺术表现形式、传播媒介方式以及审美感官体验等方面呈现出显著的不同。交互艺术通过精密的传感器捕捉观众的动作、声音、光影、热等信息，并将这些信息动态反馈，引导观众与作品进行互动。这种互动性质使得观众不再是被动的旁观者，而成为了作品的参与者和创作者。人们的举动和情感将直接影响作品的展现形式和表现效果，形成一种独特的沟通与互动体验。

装置艺术则以现有物品的利用、组合、重构和再现为手段，通过抽象的形式激发观众对作品深层内涵的思考。作品本身不再局限于传统的画布或雕塑，而是以空间为媒介，与观众的身体、感知和情感进行共鸣。观众置身其中，融入艺术空间，与艺术家的思想和创意相互碰撞，带来身心灵的全面体验。

光效应艺术通过巧妙运用不同纹样和色彩的运动，创造出迷幻的幻觉效果，充分利用观众的视觉变化。这种光影的游戏将观众带入一个超现实的境界，让观众感受到独特的视觉冲击和情感共鸣。

互动灯光装置作为一个特殊的艺术形式，通过声音、动作、光影等信息来控制灯光装置的光影效果，使得观众可以通过与艺术品互动，创造出属于自己的艺术体验。观众的参与成为了作品最终呈现的重要因素，赋予了艺术作品更为丰富和多样的内涵与意义。

（一）科技性

在与传统艺术作品相比较时，互动灯光装置艺术作品展现了一种与众不同的魅力。它巧妙地融入了科学技术的元素，如灯光、影像、声音以及传感模块等，为观众带来了全新的感官体验。一座引人入胜的互动灯光装置名为"Reflect"，巧妙地诞生于布鲁克林多米诺公园，其设计者为美国新媒体艺术家詹·卢因。整个作品由三个互动平台组成，精巧地捕捉游客的脚步变化，创造出动态动画和光芒效果，随着参观者的移动，宛如一幅时刻变幻的画卷。这些多样化的科技元素与特定场景相融合，如建筑、绿植和水面等，为观众呈现出别样的游览体验。"Reflect"不仅是一件艺术作品，更是一场奇妙的科技表演，让人们在探索中领略现代科技与艺术的完美结合。科技的运用为艺术家提供了更多实现创意灵感的可能性。通过技术层面的创新，艺术家能够拓展自己的创作思路，使灵感得以更好地实现和传达。互动灯光装置的出现推动了艺术创作的新篇章，将观众带入一个充满未知和惊喜的艺术世界。

（二）互动性

在互动灯光装置艺术作品中，科技的引入赋予了作品独特的互动性，这也成为其与其他艺术形式的显著区别。互动性成为装置艺术的独特特点，其主要体现在观众参与的过程中，与传统艺术作品的观赏方式形成了鲜明对比。这些创作初衷激发了艺术家们创作互动灯光装置的灵感，他们希望邀请观众能够积极参与作品的表达。通过观众的互动，艺术作品能够吸引更多的关注，让观众通过操作完成个性化的艺术作品，深刻理解艺术家所要表达的意义。当观众与装置互动时，每个人的不同反应都让他们成为作品的开放式参与者和创造者。这种互动性赋予了观众更深层次的参与感，对艺术家而言，这些参与者的反馈意见也具有重要的意义，可以指引艺术家更好地完善和创作。实现了观众与艺术家之间的双向信息传播。观众通过亲身参与，成为了艺术作品的共同创作者，而艺术家则通过观众的参与与反馈，更好地理解观众的想法与感受，从而打破了传统艺术作品单向传播的局限。

（三）沉浸感

在艺术与设计的领域里，沉浸是一种特殊现象，指人们将全神贯注地投入到某种境界或思想活动中的状态。而设计互动灯光装置的最终目的，正是为了让观众能够获得这种沉浸感，完全融入作品所营造的世界，并与作品进行情感交流，成为艺术作品的一部分。要实现这样的沉浸感，营造场景性是至关重要的。互动灯光装置作为一种艺术形式，巧妙地以故事性的方式创造虚拟场景，能够调动观众的感官共鸣和角色代入感。通过故事性主题场景的营造，将观众、情景、技术和艺术紧密联系在一起。这样一来，观众会被吸引，情绪会被调动，而且会被引导主动参与其中，找到属于自己的位置并代入其中。一种常见的实现方式是在暗空间叠加情景性灯光艺术。这样的设计能够构建安静轻松的空间，缓解观众的负面情绪，让人们通过视觉、听觉和触觉等多种感官与作品共鸣，从而实现身临其境的感受。在这样的环境下，观众会更加容易进入沉浸的状态，完全投入到艺术创作中去。

作为一个成功的例子，值得一提的是 teamLab 团队的作品《生命循环之美丽世界》，这个作品构建了一个美丽富饶的红树林世界。在这个虚拟的世界里，每个观众代表一种颜色，并且可以与红树林中的生物进行互动。这种独特的设计带来了与众不同的感官互动体验，让观众能够在其中轻松自在地沉浸。这样的艺术创作，不仅是一种作品，更是一个能够为人们提供情感共鸣和体验的美丽世界。

三、日本"夜游达坂城（SAKUYA LUMINA）"案例

（一）项目介绍

"夜游大阪城"是由加拿大声光影像设计团队 Moment Factory 设计创作的令人惊叹的项目。该项目融合了现代化的多媒体声光艺术和数字艺术互动技术，如虚拟实境和增强实境，为游客带来了前所未有的视听盛宴。游览以 16 世纪日本大阪城的自然景观建筑为背景，巧妙地将故事线与游览路线相结合，为夜间户外沉浸式多媒体体验提供了极致的可能。自 2018 年 11 月正式开放以来，游客们被邀请成为这场穿越时空之旅的重要角色。游览共分为 9 个章节场景，每一章都带领着游客进入一个全新的奇幻世界。游客们将与来自未来的日本女孩 Akiyo 及其朋友一同踏上穿越时空之门回家的旅程。在这个梦幻般的旅途中，游客将沉浸在 Akiyo 物语中，感受欢乐灯光画廊的独特魅力，与会说话的石头互动，以及在时空之门广场感受神秘的氛围。在接下来的场景中，游客会穿越欢乐精灵小路，参拜稻荷神，欣赏微笑之树的迷人景色，并参与时空之门仪式。每一个场景都充满了独特的视觉和声音效果，使游客仿佛置身于神秘而又充满魔幻色彩的世界。游客将帮助 Akiyo 找到回家的时空之门，结束这场科技与古典结合的梦幻旅程。这个旅途不仅展示了当代艺术的创新力，也让游客在感受科技的魅力的同时，深入体验了日本历史和文化的独特魅力。

（二）设计创新点

在这个独特的夜游项目中，设计团队充分利用达坂城公园的自然景观环境，巧妙地挖掘和融入大阪传统地域文化。将自然美景与古老的文化元素相结合，创作出一个独具魅力的游览体验。这里不仅是一个普通的旅游胜地，更是一个集科技和艺术于一体的神奇空间。项目团队并没有满足于现有的自然景观资源，在其基础上注入了科技与艺术元素。特别是在名为"欢乐之花"篇章中，人们将达坂城天守阁的石墙打造成一个独特的投影舞台。游客们可以通过自己的手机拍摄个人照片，然后这些照片会被实时投射到石墙上，实现个性化互动。这样的设计让游客成为了演出的一部分，与环境和谐融合。

沉浸式互动设计是整个项目的重要特色，设计团队充分利用了前沿技术，如增强现实技术（AR）、3D 投影和动作捕捉等。通过 AR 技术，游客可以将自己的面部识别与动画场景进行交互，实现了真实与虚拟的融合。这种互动性让游客们不仅是观众，更是参与者，创造出了独一无二的体验。而科技与艺术手段的巧妙运用，还将游客们拉近了与历史建筑的距离。历史建筑不再是遥远的过去，而是近在眼前，游客们仿佛穿越时空，置身于历史的长河之中，成为了故事线的一部分，与古老的传说和历史情节紧密相连。这种身临其境的感觉，使游客们对历史和传统文化产生更深的体验与感悟。

（三）经济效益

"夜游大阪城"夜游项目的开放吸引了更多的游客前往大阪旅游。根据《"大阪·光之宴席 2019"带来的经济波及效果》显示，2019 年前往大阪参加"大阪·光之宴席 2019"活动的人数约为 2022 万人，比上一年的 1709 万人增长了 313 万人次，同时由于游客人数大幅增加所带来的经济收入也相应大幅上涨，从 2018 年的 855 亿日元增长为 2019 年的 1053 亿日元，涨幅达到 23%。游客的大幅增加所带来的话题热度也是十分可观的，据谷歌搜索量排行榜显示，活动期间在与大阪有关的搜索中，关键词"SAKUYA LUMINA"的搜索量遥遥领先，使大阪成为当年仅次于东京的日本旅游热点城市。

中国经济的腾飞带动了文旅产业的蓬勃发展，而夜经济作为其中重要组成部分，需求持续攀升。在这一繁荣背景下，夜游项目显得尤为关键，它不仅能延长游客的出游时间，还能打造各种网红元素，推动周边相关产业的繁荣。互动灯光装置作为夜游项目的核心要素，成为了吸引游客的磁力。通过数字光影艺术效果，夜晚的景色得以点亮，为游客呈现出崭新而迷人的夜景，让人们以全新的方式欣赏夜晚之美。互动装置的交互性让游客与景区之间的距离缩短了许多。游客可以亲身参与其中，感受视觉和听觉的神奇互动，仿佛身临其境。这种沉浸式体验让夜游项目更加吸引人，吸引了越来越多的游客前来探索。

引入景区特色夜游区域并打造互动灯光装置，不仅能为游客带来独特的体验，还对当地文旅产业发展起到积极的促进作用。景区的特色化将得到加强，同时也带动了周边旅游配套产业的发展。这种互利共赢的发展模式有助于推动整个地区的经济繁荣，让更多人受益。因此，夜游项目与互动灯光装置的结合不仅为游客带来了愉悦体验，也为中国文旅产业注入了新的活力。

第三节　区域经济发展中的"文创灯光与夜游经济"

一、区域经济发展的内涵与本质

（一）区域经济概述

区域经济是指特定经济区域内所有社会经济活动和关系的总和。以某种经济活动或特定经济极点（通常是城市）为中心，构成一个具有宏观经济意义的地域性综合经济体系。可以把区域经济看作是经济区域的实体内容。从行政区划的角度来看，区域经济是以政府的行政辖区范围界定的一个经济圈，例如县（市）域经济、市（地）域经济，甚至省域经济。这些区域经济在经济发展、产业布局、资源利用等方面都有着自身的特点和优势。

在市场资源配置概念上，区域经济是以资源替换的作用范围界定的一个经济圈，诸如泛珠三角经济区、泛长三角经济区、环渤海湾经济区，乃至世界范围的亚太经济区、东欧经济区、西欧经济区等。上述两者之间的关系，可以概括为前者是后者形成的基础，后者是前者发展的导向。本书所讲的区域经济，即为行政区划概念上的区域经济。

在经济学中，区域经济是一个国家经济的重要组成部分，它由各具特色和水平的地区经济相互依存和联系而构成，从而形成了国民经济的整体。为了深入了解一个大国的国民经济状况，必须将其分解成若干个区域经济或地区经济，但这并不意味着国民经济可以简单地通过累加各个区域经济的数据来得到。在中国，研究区域经济通常采用相对意义的概念。它可以指一省或几个省的经济情况，也可以指包括广袤国土一部分的条形地带经济。这种相对意义的定义有助于更好地刻画各个区域经济之间的差异和联系。

不同主权国家通常可以构成各自独立的经济区域，同时还有一些跨越国界的区域经济一体化组织，比如欧盟。然而，值得注意的是，区域经济学研究的对象仅限于某个主权国家内部的组成部分，而不包括跨国组织的范畴。在研究区域经济时，经济学家们着重分析不同区域之间的经济联系，交流和相互依赖关系。这有助于发现经济发展中的优势和劣势，促进各地区之间的协作和资源优化配置，从而推动整个国家经济的可持续发展。

（二）区域经济发展的内涵

经济学的主要任务是研究如何使社会有限的资源合理利用，以增进社会总财富和总福利。社会总财富和福利的增加过程即是经济的发展过程。根据艾萨德的观点，区域经济学是研究"确定可在某一区域有效地从事生产并获取利润的单个或集团产业；改善区域居民的福利，如提高区域内人均收入水平，改善收入分配，更有效地衡量收入等；区域内产业的分散，获得区域内资源的最有效利用……"因而研究区域经济发展问题是区域经济学的重要内容。

区域经济发展指的是不断提高区域引力与辐射能力、不断优化区域产业结构及空间结构、不断增加区域内总产出的整个过程。而存在一定的关联及区别的是一般经济发展与区域经济发展两种经济概念，其中体现了福利及财富增加的动态过程指的是共性特征，不过在特定地域空间中表现出的经济发展则是区域经济发展所强调的，该发展形式具有时空结合的特殊属性。早期，西方经济理论界将经济发展视作国内生产总值的增加，称为经济增长，到了20世纪70年代以后，便在经济理论界出现了对这两个概念进行区分的做法，并将发展问题从三个层面加以区分，即区域发展、区域经济发展及区域经济增长，这是对区域经济发展内涵正确把握的关键所在。

1. 区域经济增长与区域经济发展的内涵

在经济学领域，经济增长和经济发展是两个关键概念，它们之间存在着密切的联系和区别。经济增长指的是经济总量在一定时期内的数量上的增加，主要关注国内生产总值（GDP）等指标的变化。而经济发展则不仅包含数量上的变化，还涉及到经济质量的提升，重点考虑时间和空间两个维度，关注社会、环境等方面的进步。这两者之间存在着紧密的关系，可以说经济增长是经济发展的基础。只有通过持续的经济增长，社会才有可能实现经济发展的目标。经济增长为经济发展提供了物质基础和资源支撑，为改善人民生活水平、提升社会福利奠定了坚实基础。而经济发展又是经济增长的结果，通过经济发展，经济体系可以实现更高水平的产出和效率，进而推动整体经济的增长。

在区域经济发展中，经济增长往往是首要目标。大多数地区力图通过促进经济增长来推动整体经济的发展。这是因为经济增长可以带来更多的投资、创造更多的就业机会、提升居民收入水平，从而改善社会经济条件，提高居民生活质量。在实现区域经济发展目标时，经济增长扮演着关键的角色。经济学发展史上，经济增长一直是经济学家们关注的研究领域。从亚当·斯密、大卫·李嘉图等经济学家开始，经济增长的理论不断得到深化和完善。现代经济学家们通过建立系统化、计量化和模型化的经济增长理论，深入理解经济增长的机理和规律提供了重要的理论基础。而在区域经济发展理论方面，虽然自20世纪50年代以来，该领域取得了快速的发展，但仍然尚未成熟。当前的研究主要集中在区域经济增长问题上，对于区域内在机理和规律的揭示还相对较少。这限制了区域经济学对现实社会问题的解释能力，也制约了学科的进一步发展。

2. 区域经济发展与区域发展的内涵

区域发展是指立足经济学而又超出其学科，其广义的概念是指在一定的地域空间，全面推进环境、社会及经济的全面发展，而区域环境、区域社会发展及区域经济发展三者是相辅相成，其中最为基础是区域经济发展，如果经济一旦得不到发展，其他发展也将无稽之谈，势必引发环境及社会发展的问题，其中区域社会的发展主要体现了社会的进步。社会进步的具体体现是人与人的共同进步，其中包括尊重及承认人的权利、人民自由、社会公平公正、国际和平的维护及人的认识水平的提高等内容，一旦社会无法再进步，即使经济发展多快，依然无法起到想要的效果，是不利于环境及资源的发展。区域环境是囊括了区域社会进步及区域经济发展各种因素的重要载体，其中还包括动植物、气候、土壤、资源等非生物环境构成的环境因素。人们向往一种良好的、有益于身体健康和心情愉悦的环境，包括清新的空气、清澈的水体、绿色的植被、丰富的动植物种群等。经济、社会和环境的协调发展，是实现区域可持续发展的前提和保障。

（三）区域经济发展的本质特征

区域经济发展作为区域经济学研究的主要领域之一，有别于一般的经济发展，表现出如下本质特征：

1. 时间维度：区域经济增长

在现代经济学中，区域经济增长的表现主要体现在特定区域商品和劳务的增长。这种增长的理论特征在于数据化及模型化。数学计量手段在其中扮演关键角色，通过联系经济增长相关变量，构建模型以指导和预测未来发展。研究经济增长的理论模型包括新增长模式、新剑桥增长模型、新古典增长模型、哈罗德—多马模型等，这些模型代表了不同的经济增长观点和分析方法。现代经济增长理论作为主流经济学的重要分支，依赖于时间序列数据来推导结论，并尝试描述未来的发展趋势。通过运用数据驱动的方法，经济学家能够更准确地理解经济增长的规律和机制，为政策制定和决策提供可靠依据。

2. 空间维度：空间结构演化

人类经常活动的场所叫作空间，通过空间可以反映出各种社会经济活动，在多种因素的影响下，经济活动产生了一定的集中及扩散作用，将会对区域经济的非均衡增长起到推动作用。而且，通过区域经济的非均衡增长形式，在一定空间范围内将会引发各种社会经济客体和现象的形态、聚集规模、相互结合关系等发生相应变化。

所谓的区域经济的空间运动体现得较为全面，具体表现为传输能源流、信息流、人流、物流等动态过程。在地域空间中体现出社会经济系统与系统内部的各子系统及其环境之间的相互关系及作用；是集聚、组合及分化各社会经济活动的动态过程；也是人类社会经济活动区域选择的结果。区域空间结构的演变过程便是区域经济空间的运动过程，同时对区域经济增长以及区域空间结构演化进行考察，然后从两者中寻找内在的联系，这便是区域经济学有别于其他经济学研究的显著特征。

3. 区际关系：吸引与辐射的交互作用

劳动分工及生产专业化的扩大，是通过在空间上各要素的均匀分布，形成区际劳动的分工，加之出现的是社会制度性空间，从而建立一种排他性产权的模式，具体表现在具有行政管辖疆界的国家或区域中。劳动分工进一步地演变，可推动不同区域间的经济联系，本质是变换不同空间区域的资源配置及制度变迁，而区域是在市场经济条件下形成一个开放的系统，使得区域之间存在合作及竞争双重关系。区域体现在吸引和辐射两种作用，其中吸引指的是在聚集力作用下，从其他区域集聚经济发展中获取相关资源及要素的形式；而辐射则指的是经济活动在特定区域经济中，扩展及影响其他区域。区域间的经济发展是处于一种不平衡的状态，这是由于区域间产业结构、分工与专业化程度、要素禀赋等不同的作用造成，而在区域关系中，强势的区域具有一定优势，体现出较强的辐射及吸引能力，而弱势区域则体现出较弱的吸引和辐射能力。

二、区域经济发展中"文创灯光与夜游经济"的作用

（一）文创灯光与夜游经济的属性分析

夜游经济作为城市经济建设中的重要组成部分，具有独特性，但由于其特殊性，常常无法满足正常运行标准。为了弥补这一缺陷，文创灯光建设成为了一个不可或缺的方向。这项建设涉及到不同地区的文化内涵和地理情况，其核心目标是通过合理手段满足国民的精神文化需求。在实际操作中，各地区会根据其自身的文化特色采取不同的文创灯光模式。例如，在黑龙江地区，冰灯文化被当做主要创意灯光，以提高对冰雪文化的认知，并进而促进经济的发展。这种因地制宜的做法在全国范围内有着广泛的应用。

夜游经济的开展离不开文创灯光的支持，其基础是夜间状态。而在推广过程中，强调的则是文化内容，通过科技和内容创新来达到宣传的目的，满足国民的精神文化需求。这种以文化为核心的夜游经济发展模式，使得城市夜晚焕发出迷人的光彩。夜游经济对于新兴产业的优化与升级起着重要的作用。通过文创灯光的引导，相关产业得到了进一步的发展，激发了更多创意与创新。这种积极的相互促进，为整个城市经济的可持续发展注入了强大动力。

（二）文创灯光的表现形式与经济效应

就目前的情况来看，我国的相关城市在进行文创灯光设计时，通常会采用一些先进的科学技术手段。这些技术包括 3D 技术、灯光投影技术和虚拟技术等，利用它们独特的表现方式为国民打造视觉盛宴。这种创意灯光设计旨在满足国民的精神需求，同时营造人与自然和谐相处的氛围。就技术特点而言，3D 技术、灯光投影技术和虚拟技术都以可视性和虚拟化技术为主要特征。

具体情况阐述如下：

1.3D 技术

该技术利用放映装置和播放器提高画面刷新率，并使用同一放映器来显示画面。用户戴上液晶眼镜，并通过同步开关功能使双眼产生画面差异，从而呈现立体效果。从优点角度来看，3D 技术设备成本相对较低，对投放设备的要求也不高，且光利用率高于其他技术手段。

2. 灯光投影技术

全息投影技术又被称为灯光投影技术，是一种利用干涉和衍射原理实现物体三维图像再现的创新技术。通过这项技术，人们能够欣赏到一种既虚幻又真实的视觉效果，因此产生了明显的纵深感，令人目不暇接。全息投影技术的特点之一是其高透明性。它能够与实物进行完美结合，使观众感觉到仿佛实物就在眼前般的亲切感。同时，这种技术所呈现出的图像也具备科技感和清晰度，为观众带来了沉浸式的观影体验。人们可以近距离欣赏到精巧细致的图像，同时也能与之产生互动，进一步加深了观众的参与感。

文创灯光活动利用全息投影技术也不再受到空间限制，它们可以在各种不同的物理空间中展示，无论是室内还是室外，都能完美呈现。这为人们提供了更多的选择，满足了人们精神文化需求的多样化。除了提供艺术享受，文创灯光活动还具有一系列经济效应。这些活动通常具有强烈的宣传力度，能够吸引大量的观众，为宣传文化、景区等产生积极的影响。这些活动满足了人们对科技与文化的需求，提升了夜游活动的水平，增加了游客的留存时间和出行频次。文创灯光活动能够推动区域经济的发展，提高当地旅游业、餐饮业、商业等相关产业的收入，进而带动整个地区的经济增长。

（三）文创灯光与夜游经济的作用分析

1. 促进区域经济环境协同发展

协同发展被认为是文创灯光与城市夜游经济的重要模式。一线和二线城市以及其他等级的城市在经济和文化建设方面存在一些问题。为了解决这些问题，文创灯光被引入，以促进夜游经济的发展。文创灯光产业有助于增加夜间旅游活动，为城市夜晚的活力注入新的元素。通过创造令人愉悦和独特的灯光景观，吸引了更多的游客和市民参与夜游活动。这不仅满足了国民的精神需求，而且满足了其他行业的建设需要。夜游经济对实体经济和虚拟经济都有着重要的影响。金融行业和交通业等实体经济受益于夜游经济的繁荣，因为更多的人们愿意在夜晚消费和参与活动。夜游经济也为虚拟经济提供了机会，通过传媒和宣传活动来推广城市形象并吸引更多的游客和投资者。

2. 充分展示城市风貌

每个城市都拥有独特而特殊的品牌形象，值得通过文创灯光活动来展现其风貌和文化底蕴。这些活动不仅可以让人们更加深入地了解城市的意义和成就，还能激发人们的骄傲和认同感。随着时间的推移，城市的关注度与日俱增，因此提高城市文化宣传的力度，并激发国民对家乡的自豪感和文化认同感对整个民族建设至关重要。通过文创灯光活动，城市可以展示其独特的魅力和历史，吸引更多人关注和参与。而这种参与感不仅可以增加游客数量，还可以为城市带来经济和社会的发展。文创灯光活动不仅是城市品牌建设的重要手段，更是加强社会凝聚力和民族认同感的有效途径。只有回归到城市的文化特色和独特性，才能让人们真正感受到属于自己城市的独特魅力，并为之骄傲自豪。因此，通过文创灯光活动，挖掘和展示城市的风貌和文化底蕴对于每个城市而言都具有重要意义。

3. 带动城市旅游消费和第三产业发展

灯光节和文创灯光在当今旅游活动中扮演着重要的角色。随着人们对独特、创意和令人难忘的旅游体验的追求，文创灯光成为吸引游客、提升旅游质量的重要因素之一。通过巧妙运用灯光艺术和创意设计，文创灯光活动不仅满足了人们对美的欣赏和生活质量的追求，还提供了一种满足精神需求的方式。

文创灯光对于城市经济建设也具有重要意义。它不仅能够吸引大量游客前来观赏，带动了旅游产业的发展，也为城市创造了更多的就业和商机。文创灯光的引入改变了传统旅游模式，为游客们提供了一种更加直观、深入了解城市的方式。通过将城市的故事、文化和历史融入灯光设计中，文创灯光活动使游客们能够亲身感受到城市的魅力和独特之处。

文创灯光对于城市旅游消费和第三产业的发展也有积极影响。文创灯光活动往往伴随着各种衍生产品的推出，如手办、明信片、纪念品等，这些产品不仅为游客提供了纪念和回忆的方式，也为城市的文化产业带来了新的发展机遇。同时，文创灯光作为一种新兴的旅游形式，吸引了更多的游客来到城市，从而推动了城市旅游消费的增长和第三产业的发展。

三、区域经济发展中"文创灯光与夜游经济"作用的发挥途径

（一）灯光节主题应与城市文脉相契合

为了确保文创灯光与夜游经济的顺利开展，城市管理者和文创策划者需要深入了解历史文化和国民审美需求的背景。只有通过对城市的独特文脉进行深入挖掘和理解，才能更好地制定宣传策略和开展相关工作。针对不同城市的特点，宣传工作应该因地制宜。每个城市都有其独特的历史和文化底蕴，因此，在灯光艺术的呈现过程中，应该注重将灯光主题与城市的文化相结合，展示城市的魅力和特色。通过在灯光装置和表演中融入城市的传统元素和符号，可以更好地向游客和居民传递城市的文化内涵。

文创灯光技术是推动城市经济发展的重要手段之一，它包括灯光布置、表演内容调整和建筑模式科技化应用等方面。通过运用先进的技术手段和创新的灯光设计，可以为城市创造出独特的夜景，提升城市的形象和吸引力，进而促进旅游业的发展，推动相关产业的繁荣。广州国际灯光节以"光语花城"为主题，通过梦幻般的灯光呈现，展现了广州城市的人文理念和取得的成就。在这个节日活动中，最具代表性的作品便是花钟。花钟通过花朵的形象来表示数字的变化，并通过时光之深进行轨迹指引，展现了科技对城市发展的影响。这一作品不仅给国民带来了新的视觉体验，也向世界展示了广州的创新能力和文化底蕴。

（二）应用多元媒介实现表现方式的多样化

城市灯光展示需要更多关注内涵的培养，让观众在欣赏中能够有所感悟和共鸣。要真正发挥灯光的价值，关键在于将文化与科技进行有机的结合。灯光艺术不仅是为了追求视觉的震撼，更应当承载着城市的文化底蕴和科技创新，让灯光成为一种具有思想内涵的载体，向观众传递更深层次的信息。多样化对于灯光节的长久发展也至关重要。城市灯光展示应当包含丰富多样的内容和形式，让不同群体都能够找到共鸣。这种多样化不仅体现在主题和故事情节上，还包括艺术表现形式和参与方式等方面。在创意化应用方面，可以运用互动技术或动力技术来完成光源设计，实现更加独特的创意化应用。例如，可以通过观众的互动行为来改变灯光的颜色、形状或亮度，从而实现观众与艺术作品之间的互动和共创。

历史城市的灯光展示可以成为一个很好的示范。通过投影技术，可以将

古代建筑结构栩栩如生地展现出来，再结合光影艺术的手法，让这些古老的建筑焕发出新的生命。这不仅是对历史文化的尊重，也是对城市记忆的一种延续和传承。

（三）突出灯光节的艺术性与技术创新性

在文创灯光活动的展览过程中，主办方应意识到加强对艺术性的管控，这就意味着要通过艺术形式的转变来进行内容上的调整。只有满足国民的审美需求，才能引起更多人的关注并展现城市的精神核心。过去，传统的灯光模式往往呈现着单一化状态，要么是传统表现手法为主，要么是较为先进的科学技术为主。然而，这样的做法会让效果打折扣，缺乏新颖感和吸引力。

为了在文创灯光活动设计中取得更好的效果，主办方决定创新化处理相关艺术品，力求融合传统手法和现代技术。通过这样的尝试，主办方希望激发人们的新鲜感，赋予活动更高的关注程度，进而对地区经济发展产生积极有效的影响。毕竟，吸引更多游客和参与者，必然会为当地带来经济的增长和繁荣。西班牙的灯光展览将不同类型的建筑物赋予标志性的空间，并全方位展示。这种创新性的做法创造出了一种独特的光效实验剧场，让人们仿佛穿越时空，体验不同的国家和时代。这样的表现形式让观众陶醉其中，也提升了整个灯光活动的艺术价值。为了确保文创灯光活动顺利开展，主办方深知必须加强对艺术性和技术性的创新化处理。只有如此，活动才能真正满足区域性经济建设的需要。当然，这也意味着主办方必须密切关注当地的文化和市场需求，做出符合实际情况的调整。只有将艺术性和经济效益相结合，文创灯光活动才能在更广阔的舞台上展现出耀眼的光芒，为城市发展增添更多亮色。

（四）依靠文创灯光与夜游经济带动区域经济增长的有效措施

开展文创灯光与夜游经济活动是一项备受关注的发展策略。为此，需要进行深入的优势和劣势分析，以充分把握地区的特点与潜力，并在推进过程中遵循相关标准，确保宣传活动的有效性和合法性。为了实现这一目标，与其他行业的合作显得尤为重要。合作能够带来更多的资金支持，降低项目的成本支出，从而有助于体现地区的精神文化水平，并推动整个区域的经济发展。

文创灯光与夜游经济的引入，也带来了消费模式的创新。它满足了不同游客的多样化需求，为人们提供了独特而新颖的体验，使游客可以在夜晚感受到别样的美丽和魅力，从而进一步推动旅游业的蓬勃发展。为确保项目的有效推进，采用先实后补的规划建设手段尤为关键。这意味着在项目实施的过程中，要结合结构分析制定详细的规划方案。通过对人流量和市场热度的提升，进一步增强了项目的吸引力和影响力。同时，完善交通系统也是必不可少的一环，只有畅通便捷的交通网络，才能更好地服务游客，进一步促进地区建筑行业的蓬勃发展。

第四节　数字创意及技术在文旅照明中的应用

文旅照明是一个新兴产业，旨在将景观照明融入更多文化内涵，并与演艺照明等特色照明形式相结合。LED 光源的普及应用是文旅照明发展的前提。文旅照明正受益于数字技术的广泛应用和推动，迅速朝着数字化方向发展。夜游经济的兴起和蓬勃发展促进了文旅照明的增长。文旅照明行业呈现出生机勃勃的活力和广阔的应用前景。随着人们对于文化和旅游体验的需求不断增加，这个行业将持续蓬勃发展。创新的技术和照明理念的不断涌现，为文旅照明行业开辟了更加广阔的发展空间。

一、从智能监控到数字化运营

LED 景观照明的智能控制系统一直以来采用传统的人工手段和智能控制技术来进行管理和运营。传统的智能控制系统主要包括智能控制器与监控中心服务器之间的通信，能够实现自动开关灯、动态自动调光以及动态场景变换等功能。自动开关功能是基于地理位置和季节编制开关灯时间表，根据设定的时间表来自动控制灯光的开关。这样的智能控制方式使得 LED 景观照明系统可以自动根据不同的时间段来调整照明状态，提高能源利用效率。动态自动调光功能利用视频图像处理技术来计算人流量，进而对景观照明进行智能调光控制。这种智能控制方式能够根据不同时间段和地点的人流情况来自动调节灯光亮度，以达到节能的效果。目前，这一技术在普及方面还存在一定的局限性。动态场景变换功能是根据日期和时间自动切换相应的照明场景，这一功能可以由场景控制单元自动完成，也可以由人工操作来实现。通过智能的场景切换，LED 景观照明系统可以为不同场合营造出恰到好处的氛围。

智能景观照明控制技术还具备其他功能，如灯光亮度的调节、定时控制以及场景设置等。这些功能使得 LED 景观照明系统在不同的使用场景下都能灵活应对，满足多样化的需求。随着文旅照明产业的兴起，对传统的智能景观照明系统提出了更高的要求。为了满足新的商业目标，需要全面升级和扩展智能景观照明控制系统。在数字化进程适时起步的背景下，构建全新的以数字为主的照明系统成为一种趋势。通过数字化的手段，LED 景观照明系统可以进行更加精准的流量经营，同时提升服务水平，更好地满足用户的需求。

二、数字文旅照明的内涵

数字文旅照明是一种以数字内容为核心的文旅照明数字化业态。在当前文化旅游产业融合的大趋势下，数字文旅照明应发挥其在文旅夜游产业的赋能作用。这种新型照明业态倚仗数字技术在文旅夜游中的全面应用，包括数字基础设施的建设，数字化平台的构建，内容开发的丰富多样，效果呈现的更为逼真，以及数字化传播的广泛推广。

科技的迅猛发展极大地推动了夜游消费形态的变革，智慧夜游应运而生，为游客提供了全新的服务体验。作为一种典型的数字文旅照明产品，杭州水秀集团的水幕光影秀"神木故事"成为行业的佼佼者。这一产品融合了文化与数字创意，精心运用了多种数字技术，打造出绚丽多姿的文旅光影作品。"神木故事"不仅仅是一场演出，更是一次文化的体验之旅。观众们可以沉浸在数字化的艺术世界中，感受历史的厚重与传统的韵味。数字化平台的运用让游客可以更加便捷地获取信息，实现互动与参与，深度融入其中。数字文旅照明业态的发展不仅仅有利于文化的传承与创新，同时也为旅游产业带来了新的发展机遇。游客在感受独特文化魅力的同时，也为景区和企业带来了可观的经济收益。数字化传播的手段让文旅产品的影响力得以拓展，吸引更多的游客前来观光，推动当地经济的繁荣。数字文旅照明业态的崛起离不开科技创新和文化艺术的不断融合。随着技术的进一步演进，数字文旅照明将展现出更加无限的可能性。在数字化时代的引领下，文化与旅游的结合必将绽放出更加灿烂夺目的光芒。

三、数字化应用对文旅照明行业的期待

在文旅照明领域，数字化实现高质量转型已成为关键。这并非仅仅追求

高速增长，更重要的是数字技术的切实应用。传统景观照明监管依赖本地软硬件系统，如视频监控、定时分控和简易场景控制。数字文旅照明的实施将开创移动互联网的新入口，以数据分析为基点实现智能化应用。数字技术应用的核心是从游客体验满意度出发，积极挖掘文化、创意和 IP 内容，优化运营服务，并加强传播推广。这种转变对于文旅照明行业提出了广泛而系统的内在要求。它需要行业从业者紧跟科技发展潮流，不断创新和应用数字技术，以提高游客体验，创造更具吸引力的景观。数字化转型将使文旅照明成为智慧型产业，提供更个性化的服务。通过数据分析，企业可以更好地了解游客需求，因而更有针对性地进行产品创新和推广。同时，数字化技术也能实现资源的高效利用，降低能耗，推动产业的可持续发展。

（一）建立"项目分析—方向定位—内容创意—数字创新"的文旅照明方案策划路径

为了实现商业价值，文旅照明项目开发需要经过以下步骤：

第一，进行系统分析，全面了解景区的性质、地理位置、旅游配套设施、业态成熟度、行业生态、消费客群、消费水平、消费习惯和竞品项目等要素，以明确是否值得开发该项目。

第二，在系统分析的基础上，需要明确市场方向定位，找到差异化绝对鲜明的市场定位，明确目标客群和项目的核心竞争优势。

第三，根据市场方向定位，对文旅照明等夜游产品进行定位与规划，确保其内容和设计与目标客群需求相匹配。

第四，内容开发创意是至关重要的一步。项目应创新地融合数字技术与个性化的内容，以确保在技术表达的同时能够打动游客情感，提供独特的体验。

无锡拈花湾是一个成功的文旅照明项目示例。它通过规划完整的夜游产品体系和消费链条，包括夜景光产品、住宿、餐饮、休闲娱乐和体验活动等内容，打通了吃、住、行、游、购、娱等环节，实现了商业价值的最大化。这种综合规划和差异化定位使得拈花湾在竞争激烈的市场中脱颖而出，吸引了大量游客，并取得了显著的经济效益。因此，在开发数字文旅照明项目时，需要从这些成功案例中汲取经验教训，并采取科学的方法和全面的规划来确保项目的成功和可持续发展。

（二）遵循"运营前置、内容为王"的逻辑规律

在南京朗辉光电科技有限公司承建的浙江舟山观音文化园，一个优秀的商业文旅照明项目，具备长期可持续的生命力。为实现这一目标，采用了运营思维和目标来打造独具特色的文旅照明项目。当前许多文旅照明项目在建设过程中面临一个最大的问题，即过于以设计为中心，缺乏运营前置规划。一个科学的商业文旅照明项目应该以运营为主导，整合各种资源，并结合建设方的诉求进行投融资规划和空间落地。只有这样，项目才能在长期中持续发展。

在这个项目中，人们深知"内容为王"的重要性。内容的质量和表现形式是文旅照明的核心。特别是数字创意与内容创意的有机融合，为游客带来更加丰富、多样的体验。夜游体验是涉及各个方面的，因此通过数字系统将这些体验联通、共享、共控，实现文化夜游的真情体验。文旅照明内容品质的打造基础是审美，核心是文化，关键是情感营造。通过情感共鸣实现消费者满足感和归属感，使游客在观光的同时能够深刻感受到文化的魅力和吸引力。浙江舟山观音文化园以观音慈悲济世精神为内核，成为集朝圣、观光、体验、教化功能于一体的优秀夜游景点和数字文旅平台。这样的设计和运营理念使得文旅照明项目在未来能够持续吸引游客，保持其活力和魅力。

（三）数字化沉浸式体验是文旅照明价值实现的关键手段

2019 年 8 月 23 日，国务院办公厅印发《关于进一步激发文化和旅游消费潜力的意见》，提出"促进文化、旅游与现代技术相互融合，发展新一代沉浸式体验型文化和旅游消费内容。近年来，许多文旅夜游项目利用动捕技术、数字投影、VR/AR 技术等为游客制造沉浸感，较好地满足了"Z 世代"游客追求文旅活动的新鲜感、体验感、互动性的消费需求。目前，沉浸式体验已成为各类景区、街区、特色小镇、主题公园、商业空间等重要的夜游产品和引流方式。

在沉浸式文旅照明产业中，追求独特性和个性化差异性是至关重要的。这要求产品在内容和表现形式上都要与众不同，同时采用非标准的策划方法，为夜游项目量身定制。考虑到定位、文化特质和客群特征是取得成功的必要因素。仅仅追求视觉感受是不够的。创新内容与情感调动性比单纯的视觉体验更为重要。在沉浸式体验中，情感的激发和参与感对于吸引游客、提升体验价值至关重要。沉浸式文旅照明产品的形式也必须丰富多样，其中包括了

融入文化元素的体验以及娱乐项目。数字技术在这一领域中扮演着重要的角色，为沉浸式体验提供了强有力的支撑。

我国拥有广袤的地域和丰富的人文历史资源，这些都可以成为沉浸式体验的经典素材。同时，数字创意技术的不断发展为这些素材的展现提供了有力支持。文旅照明行业正在不断迭代升级，高水平的文创策划与数字创意的融合将进一步优化体验性。这将带来更多优质的沉浸式文旅照明和夜游体验产品，为行业发展带来新的活力。

数字技术在文旅照明行业中的应用日益成熟。深度融合和普及应用是行业健康发展的关键。通过数字技术的不断推进，照明技术得以不断进步，使文化产品更具创意性和活力。因此，数字创意及其技术的应用已成为当前文旅照明行业的紧迫任务。

第六章 乡村景观照明设计应用与旅游发展实践

第一节 乡村景观绿色照明设计

在20世纪90年代，"绿色照明"这一概念首次崭露头角，它不仅涉及节约用电，更包含对灯具的高效合理运用，以充分发挥其潜力。如今，绿色照明理念在全球范围内兴起，强调环境保护与能源节约的重要性。乡村照明作为一种独特的模式，将空间环境与照明融为一体，通过灯光表达整个环境的核心内涵，巧妙地融合功能、效果和意境。在乡村地区，采用绿色照明技术能够显著节能减排，大大降低污染。同时，它还提高了居民的居住幸福感，为乡村的经济和人文发展带来积极推动，进一步美化了乡村建设。

一、乡村照明设计的必要性分析

在空间设计中，照明设计扮演着至关重要的角色。它不仅满足日常生活的需求，更能够为乡村夜景增色添彩，提升文化内涵和沉浸式体验。乡村照明设计涉及到不同色彩的灯光，因为不同的灯光能够带给人们各种不同的感受。在进行设计时，必须综合考虑实际环境和场景，选择合适的灯光色彩，以此来烘托出浓厚的文化氛围。在规划乡村照明方案时，设计师必须充分了解各村落的文化背景和特色，以打造复合的空间形态。这样的设计不仅要满足人民群众对舒适感、安全感的需求，还需要满足人们对物质文化的追求。

乡村照明的范围不仅仅涵盖室内、导视系统和休息设施，还应该包括富有文化特色的景观建筑照明。通过巧妙的照明设计，能够更好地彰显乡村的历史底蕴和传统文化。

近年来，乡村建设飞速发展，人民群众对照明的需求也在不断增加。因此，照明设计必须紧跟绿色环保理念，采用节能的方案，同时解决光污染等问题。只有这样，才能确保乡村照明既满足现代需求，又符合可持续发展的目标。

二、乡村景观中绿色照明设计的价值与意义

随着国家亮化工程的推进，乡村照明的重要性与必要性凸显无疑。其不仅满足了乡村居民的照明需求，更是与当地生态环境密切相连，对于提升居民生活品质和保护自然环境起着不可或缺的作用。在照明设计中，应以客观实际为出发点，充分考虑当地的生态特征和绿色照明的价值与意义。唯有如此，才能实现人与自然的和谐共处，让乡村焕发出独特而宜人的光芒，为乡村振兴注入更多动力。

（一）功能需要

第一，道路照明。针对不同道路等级，应有合理规划并设置相应的灯光亮度。这样做可以确保在夜间行驶时，驾驶员能够清晰地看到道路和交通标志，从而保障行车安全。同时，对于夜间行走的行人来说，明亮的道路照明也能有效降低意外事故的发生率，提高夜间行走的安全性。

第二，住宅照明。为乡村小楼或小区居民提供舒适的照明环境，是创造宜居乡村的关键。合适的住宅照明可以让居民在夜晚得到足够的光线，在家中活动更加方便和安心。精心设计的住宅照明还能营造出温馨的氛围，增强家庭成员之间的凝聚力和幸福感。

第三，景观照明。通过为公共休闲空间提供合理的照明设计，可以满足人们夜间活动的需求，为乡村夜晚带来更多的活力和吸引力。这样的照明不仅仅是简单的照亮功能，更能打造出独特的夜间景观，让乡村夜晚充满诗意和浪漫。夜间的美丽景色将吸引更多游客和居民，增加夜间乡村的舒适与惬意感。

（二）人文需要

随着经济的快速发展，乡村生活水平得到显著提升，城乡一体化的进程也日益加强。仍有一个重要的方面需要关注，那就是乡村的照明问题。在这方面，从人文和生活美学的角度出发，需要对乡村的照明进行改进，以满足

居民对和谐、舒适夜间生活的需求。在这一改进过程中，关键是提升乡村公共场所的舒适度和美观度。居民在夜间出行时将会更加安全和愉悦。这种改进不仅仅是为了照明而照明，而是考虑到了居民的需求和幸福感。还可以运用适当的照明手法来美化乡村，为其增色添彩。通过艺术性的光影设计，可以提升乡村的夜间魅力，从而吸引更多的人延长夜间停留时间。这种吸引力也将间接促进乡村的经济发展，为当地带来更多的机遇与活力。

（三）环保需要

一些乡村地区过分追求亮化效果，导致照明灯具与地区特色不相符。在追求简单的灯光堆砌时，过分强调亮度与花哨的效果，采用泛光照明方式，结果带来了光污染问题。这种光污染不仅影响了乡村的天然黑暗环境，也对野生动植物产生了负面影响。乡村绿色照明的首要宗旨应该是人性化，营造健康、舒适和安全的夜间环境，打造健康夜间乡村照明。因此，绿色照明的发展应该更加注重满足功能性和人文需求，同时兼顾环保要求。这样一来，照明设计才能更好地融入乡村的特色与文化。

合理利用灯光是至关重要的。通过巧妙的灯光设计，可以增加趣味性和艺术感，丰富乡村的夜间环境，给人们带来新奇之感，并增加探索的欲望。同时，照明设计也可以被用来展示乡村的历史文化积淀，提升乡村夜景的美学价值，让游客在夜晚也能感受到乡村的独特魅力。

在追求照明的美感和功能性时，也要确保照明设计考虑到环保因素。乡村照明应该朝着绿色环保的方向发展，选择节能灯具，合理控制照明亮度和时间，避免光污染，减少对环境的负担。只有在绿色环保的基础上，乡村照明才能真正实现可持续发展。

（四）城乡融合需要

城乡建设快速推进，尤其是大中型城市，政府出台了名为"夜经济"的政策。这项政策旨在加速夜间经济的发展，为人们提供更多的娱乐和消费选择。乡村地区也积极响应，注重夜间灯光照明的设计和规划。不仅满足功能性需求，还注重装饰性要求，赋予夜间照明设计更深层次的意义。实现城乡完美融合成为一项重要目标。通过优化乡村夜间照明，乡村变得更美丽宜居，同时解决了夜晚黑暗问题，为居民带来更多便利与安全。

夜间灯光的改善不仅仅是美观，更关乎居民夜间生活的质量。提升的灯光增强了乡村居民的夜间安全感，在黑暗中拥有更舒适的生活体验。乡村夜经济的发展较好地满足了人们的物质和文化需求。随着夜间经济的兴起，人们在夜晚也能享受到丰富多彩的娱乐和文化活动，为乡村地区带来了新的活力和活跃氛围。城乡融合发展的步伐为整个社会带来积极影响，促进了经济繁荣和社会进步。

（五）文化旅游需要

我国一直在大力推进智慧型和智能型城市的建设，而夜晚的照明问题显得尤为重要。在智慧型照明方面，不仅要使用高效、节能的灯具，还需要精心设计和控制照明方式。这种智能化的照明系统能够更加灵活地适应城市的需求，有效地节省能源消耗。随着乡村振兴政策的推行，夜晚灯光的需求日益增加。人们愿意在自然的环境中放松身心，这对于促进乡村旅游的发展至关重要。夜晚的美丽景观吸引了更多游客，为乡村经济带来了快速发展的机遇。因此，科学合理地规划和利用夜晚照明资源，对于乡村经济的繁荣和可持续发展具有积极而深远的影响。

三、乡村景观绿色照明设计的原则

在乡村绿色照明的规划与设计中，首要考虑的是强调本地特色和风俗，旨在展现当地乡村的独特魅力。整个照明服务的对象是当地居民，其目标是改善乡村居住环境，使其更为宜居。为了实现这一目标，必须充分进行调研，深入了解当地本土文化，并将这些特点融入照明设计之中。在规划过程中，要明确乡村照明的空间层次，将重点区域、次要区域和节点区域明确划分，以确保照明效果能够覆盖到关键地点，不会遗漏任何重要区域。但在实施时，需要注意把握好照明的度。过度照明可能导致能源浪费，而且对生态环境和野生动物可能产生负面影响，因此应该避免这种情况的发生。乡村景观绿色照明设计原则包括以下几个方面（图6-1）：

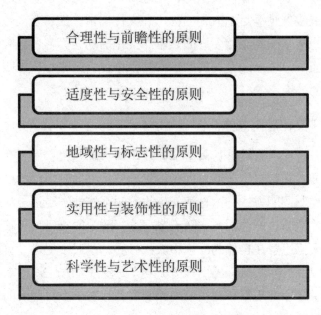

图 6-1 乡村景观绿色照明设计的原则

（一）合理性与前瞻性的原则

第一，前瞻性规划。在规划过程中必须明确目标，遵循相关标准，科学合理且高效实施。这样可以确保乡村地区的发展与照明规划能够适应未来的需求。

第二，长远发展与绿色照明。合理设计建筑朝向可以最大限度地利用太阳能资源。这意味着建筑可以在白天吸收光能，夜间释放电能，以减少能源消耗和对环境的影响。

第三，清洁能源结合供电。乡村地区应该积极推广太阳能发电，以减少长距离输电损耗和与之相关的污染。这样可以确保能源供应的可靠性，并且对环境产生较小的影响。

第四，合理空隙设计。建筑物的设计应该避免出现无法接收到光照的问题。因此，应多采用面向南部的朝向，以确保建筑内外能够吸收更多的日光照射。这样可以提高照明效果并减少对人工照明系统的依赖。

第五，绿色能源发电。通过采用绿色能源发电方式，可以满足农村地区的用电需求，同时减少能源消耗对环境的负面影响。这有助于保护乡村的生态环境，并为未来的可持续发展奠定基础。

（二）适度性与安全性的原则

乡村位置偏僻，导致夜间照明无法覆盖所有区域，给人们的出行带来一定的不安全感。因此，为了保障乡村居民的出行安全，需要以安全性为基础进行考虑。通过合理的灯光设计，可以将明暗衔接起来，既能提升人们的安全感，又能提升夜间的舒适度。优质的灯光照明不仅给乡村居民带来更多的安全感，还能延长活动出行时间。需要注意的是为了避免夜间光污染和资源浪费，灯具的使用不应过度，应该注重设计合理、安全又美观的乡村绿色照明，以实现可持续发展的目标。

（三）地域性与标志性的原则

中国拥有悠久的历史与文化，其中与光和照明有着密切的联系。在乡村绿色照明设计中，需要考虑地区环境、人员和建筑的差异。为了增加乡村的温馨感和舒适度，应该使用暖光，而避免使用过度华丽的灯光。乡村照明设计应该满足基本需求，同时突出地域特色和风土人情。通过照明，可以展示乡村的地域文化和历史，使其成为地域标志性景点。这样的设计不仅可以提升乡村的形象，还可以吸引游客，并促进地方经济的发展。同时，这样的设计也能够保护和传承乡村的独特文化，并增强人们对乡村的归属感和自豪感。

（四）实用性与装饰性的原则

乡村照明致力于提升绿色文化照明，旨在将实用功能与装饰效果相结合。通过利用明暗对比，创造乡村特有的朦胧虚实感，烘托出独特的夜晚氛围。其目标是为人们提供一个宁静的夜晚环境，帮助人们寻找内心的宁静。考虑到不同观者的特点，乡村照明需要根据不同年龄段的需求来设置相应的设备。尤其要多考虑老年人的使用，确保能够满足他们的需求。设计的灵感点是以"幽"为中心，通过创造静谧的夜晚氛围和对乡村的依恋，凸显了照明的独特魅力。通过精心设计的照明方案，乡村照明能够让人们在夜晚感受到安宁与平静，进而提高对乡村的情感共鸣。

（五）科学性与艺术性的原则

乡村的新式房屋展示出一种令人心生秩序感的氛围，并且融入了城市文化的元素。在乡村中，绿色照明的运用不仅仅关乎资源保护，同时也要考虑到美观、舒适以及地域特色。通过运用现代科技，乡村的道路照明水平得以提升。根据道路的结构特点选择不同类型的灯具，并且对灯具的排列方式、高度和角度进行优化，从而实现更好的道路照明效果。乡村房屋建筑方面，可以通过改造来强调光照效果，突出虚实的对比、打造光照层次的变化，从而达到行走有光、远看有色的效果，保证了行人的安全可靠。乡村公园规划需要综合考虑多种因素，如当地的气候、文化和资源等。在选择材料上，应该以适应本地环境的材料为主，以追求美观、耐用和舒适等多种功能。利用乡村的光能和风能资源，将其转化为发电资源，可以结合新兴能源与技术手段，推动乡村公园的可持续发展，从而使乡村公园能够长久地存在下去。这种可持续发展的举措为乡村带来了更多的机遇和活力。

第二节　乡村公共设施照明设计

照明设计应兼具趣味性和灵活性，以点缀灯光元素来活跃整个场景。乡村建设需要同时关注公共民生照明和公共设施照明。目前的乡村建设普遍存在对公共设施照明的忽视现象，这反映了问题存在的事实。尽管一些乡村公共设施已应用新的照明光源，但数量较少且质量仍需提高。一些照明设施的尺寸不符合人体工程学，设计也不符合绿色发展要求，并且功能性照明不足。照明方式单一会导致较高的电能消耗，并且仍在采用早期的集中控制方式。因此，需要进一步重视公共设施照明设计，并展开相关的研究工作。通过这些努力，可以改善乡村的照明环境，提升居民的生活质量，并推动可持续发展。

一、乡村公共设施照明设计概述

在乡村，公共设施的照明设计被视为一门艺术。设计师运用光影效果巧妙地在公共空间中展现美感，与设施融为一体，传递着美与生命的力量。随着时间的推移，人们创造了独特的人造光照明形式，这为照明设计艺术带来了丰富的多样性。然而，这也要求设计师不断创新，以寻求适合乡村地域特色的公共设施照明方式。

乡村公共设施的受众是广大的人民群众。因此，在设计时必须考虑直观表达想法，满足大众需求，避免过于艺术化或难以理解的设计。照明不仅是为了照亮环境，更应该为人们带来舒适和美的享受。

灯光的运用与照明设计相结合，能够优化乡村整体和局部环境。通过合理的照明布局，可以营造出丰富层次感的环境，使乡村空间焕发出独特的魅力。无论是村庄的街道、公园还是广场，都能因灯光的巧妙运用而焕然一新，吸引人们的目光。人们在这样的环境中行走，也会产生愉悦的体验感，感受到与自然的和谐共生。

在乡村公共设施的照明设计中，色彩的运用至关重要。色彩不仅能为场所增色添彩，更能使整体环境和谐统一。温暖的黄色或橙色灯光可以营造出温馨浪漫的氛围，明亮的白色灯光则可以提供良好的视觉效果。通过精心选择与搭配，照明灯光能为乡村增添风采，让人们对这片土地产生更深的情感。

二、乡村公共设施照明设计的原则

第一，注重合理性是至关重要的前提。这种合理性体现在多个方面。设计师必须尊重当地的风俗民情，深入了解当地居民的文化和习惯，以确保照明设计与当地社区和谐相处。必须全面掌握乡村的整体布局，考虑设施之间的相互影响和联系，使照明系统在整个乡村地区都能发挥最佳效果。照明设计的外观造型、方式和角度也是合理性的重要方面。这些因素直接影响着照明效果和环境美感。合理的外观造型应与乡村自然环境相协调，避免突兀和矛盾。合理的照明方式和角度则需根据具体场景，确保照明充分而不过度，既满足实用需求，又避免造成不必要的浪费和干扰。

第二，在注重人为本的设计理念下，照明设计必须着重考虑居民的体验感受。设计师应深入了解人们在不同场景下的行为活动，从而为其提供舒适和安全的照明环境。同时，地域文化因素也必须纳入考量，以确保设计与当地文化相契合，为居民带来熟悉和亲切感。听取大众意见并提供参与设计的可能性也是关键。与居民交流，了解他们的需求和期望，使设计更加贴近实际需求。这种参与性的设计方法有助于增进设计的民主性和透明度，确保照明设计符合绝大多数人的期望和利益。

第三，照明设计也必须注重功能性。照明设施应该为乡村居民提供便利和服务，满足他们的行为和身心发展需求。根据设施的不同功能特点，采用相应的照明设计，使其在实际使用中能够发挥最大效益。同时，结合地域文化特色，将现代照明技术与当地文化相结合，既传承了传统，又实现了现代化。

第四，遵循绿色设计原则是不可忽视的要素。必须根据乡村环境和地域特点，采取合理的绿色设计。在进行照明设计时，必须考虑设施对生态环境的影响，并坚持低碳环保、绿色可持续发展的原则。通过合理的绿色照明设计，为建设环保型乡村提供条件，降低资源浪费和不利影响。

三、乡村公共设施照明设计的要求

（一）夜间照明设计的要求

在夜幕降临，夜间照明设计成为塑造乡村夜晚形象与氛围感的关键。乡村公共设施照明设计的目标在于展现独特的乡村文化形象和熏陶人心的艺术氛围。当前的照明配置虽然满足了基本照明需求，却未能满足村民们内心精神层面的需求。设计师应当深入了解乡村的文化底蕴，将其融入夜间照明的构思中。通过细致的规划和设计，夜间照明将不仅仅是简单的照明，而是一种与人们心灵互动的载体，展示着乡村独有的本土魅力。这样的照明设计必须与乡村文化相协调，与整体环境相衬托，成为展示乡村魅力的新名片。设计师需要在灯光的运用中表达乡村文化的内涵，让每一盏灯都像是一首优美的乡土之歌，让每一处角落都散发着文化的芬芳。透过温暖的灯光，人们可以在夜晚感受到乡村的温情与历史。当夜色降临，灯火璀璨，乡村夜间焕发出独特的生命力。人们沐浴在灯光的照耀下，与文化相互交融，仿佛穿越时空的长廊，领略着乡村的历史传承。

第一，景观小品照明。在乡村公共环境的规划和设计中，有一些关键点至关重要，它们直接影响着乡村景观的美观和吸引力，同时也为村民和游客提供休息和参观的场所。小型建筑是构成这些景观小品的主要组成部分，它们被精心布置在整个乡村地区，为人们带来美好的体验。夜间照明是打造迷人夜景的重要一环，通常分为两种形式：点光照明和带光照明。点光照明采用顺光照射的方式，使景观小品的轮廓更加清晰，色彩也更加饱和。采用逆光照明可以创造出景观小品的剪影效果，使其显得宏伟而壮观。而侧光照明则能够明显区分景观的亮面和暗面，从而增强景观的体积感，让整个场所更具立体感。带光照明则呈现出多种形式，如条形、方形、圆形、椭圆形及各种多边形。其中，条形光带在公共环境中具有导向作用，能够引导人们的视线，起到指引作用。而其他形式的光带则在装饰方面有更多的照明变化，为乡村夜晚增添了神秘而浪漫的氛围。为了让照明效果更加契合景观小品的整体造型，设计者需要精心选择适合的照明表现形式。设计者应该仔细考虑每个景观小品的特点和风格，使得照明与景观完美融合，相得益彰。

第二，导视系统及路线照明。在乡村的导视系统及路线照明设计中，必须充分考虑到信息提取和观赏需求，同时具备标识性和装饰性，以提升整体艺术性。为了满足引导性和安全性的照明标准，设计师需要确保导视系统的亮度、照度以及环境色彩与色温与乡村环境相符。这样的照明系统将为乡村增色不少，并让游客和居民在夜间的导航更加便利。

第三，绿化照明。在绿化照明方面，设计师应根据植物的特征运用不同的手法。对于高大茂密的树木可以利用高低差形成层次关系，使得树木的轮廓在夜晚清晰可见。而低矮灌木丛则可以用有色彩的灯光来塑造它们的体积感，使其在夜间呈现出独特的景观效果。对于彩色植物，应选用显色度高的灯光来还原其本身的色彩，从而呈现出更加丰富多彩的景观。

第四，休息设施照明。不仅需要关注灯光的亮度和照度，更重要的是要体现乡村的文化底蕴，营造特定的氛围。通过照明的设计，让人们在休息时能够沉浸式地感受乡村的文化氛围，使休息设施成为人们在乡村中既能便捷休息，又能享受文化体验的重要公共设施。这样的设计将为乡村游客带来更加愉悦和难忘的体验，也能促进乡村旅游和文化的发展。

（二）照明设计的外观造型要求

乡村公共设施照明设计十分重要，不仅要满足基本的功能需求，还应当体现当地乡村文化的独特魅力。在这项任务中，设计师们必须充分考虑并应用以下关键点，以确保设计方案的完美融入和反映地域特色。融入地方文化元素是照明设计中不可或缺的一环。设计师们应当深入了解当地的乡村文化，并将其融入照明设计中。通过延展并赋予文化元素特殊含义，照明设施能够更好地体现当地的地域特色，让人们在照明的光芒下感受到家乡的温暖和独特魅力。结合地域环境创新设计是设计的关键所在。只有深入了解当地的地理环境和特点，设计师们才能在照明设施的外观上做出简洁明了的创新。这样的设计不仅能够与周围环境相协调，还能够提升整体照明效果，让乡村夜晚焕发新的生机和活力。

多样化处理文化元素也是不可忽视的要点。有些文化元素可以直接提取用于设计，而对于一些复杂的元素，则需要采取提取、重组等多元化处理方式，以保证其在设计中的合理融合和运用。举例来说，延安某村落在设计中提取红色文化元素，通过简洁大方的照明外观造型，完美地展现了当地的文化特色。在选择色彩和材质时，设计师们应当充分考虑与文化元素相协调统一的要求。

也要避开与当时革命环境不符的现代材质，确保照明设计的纯正性和真实性，使之能够更好地与乡村环境相契合。要尊重乡村特色文化。早期的照明设施造型在设计中应当得以保留，并在此基础上进行创新。设计理念要与时俱进，使设计不仅能够延续传统，更能够与乡村文化元素相辅相成，展现出一种历久弥新的美感。

乡村公共设施照明设计不仅仅是为了满足基本的照明需求，更能够影响乡村的整体形象和精神面貌。良好的设计能够改善生活环境，提高人居环境质量，从而促进乡村的发展和旅游产业开发。正是通过这样的设计，乡村才能展现出其独特的魅力，吸引更多的游客前来观光旅游，为乡村振兴注入新的活力。

第三节　重庆万州泉活乡村夜景照明设计

在如今城市化进程快速发展的时代，越来越多的城市和乡村都开始注重夜景照明设计，这不仅为城乡居民提供了更美好的生活环境，也成为城市和乡村的文化符号。重庆万州泉活乡村作为一个充满历史文化底蕴的地方，其独特的风景和传统文化使得夜景照明设计更显重要。

一、重庆万州泉活乡村概况

（一）地理与人文环境

重庆万州泉活乡村位于中国西南地区，属于重庆市下辖的一个县级行政区。其地理位置十分优越，坐落于长江与嘉陵江的交汇处，地势起伏，山水相依，自然风光优美。该地区拥有丰富的自然资源和悠久的历史文化，是一个充满着浓厚乡土气息的地方。

1. 地理特点

重庆万州泉活乡村地势起伏，多为丘陵和山地，气候以亚热带湿润气候为主，四季分明，降水充沛，适宜植被生长。其地理环境决定了这里拥有丰富多样的自然景观，如山峦叠嶂、溪流潺潺、田园风光等。

2. 人文资源

重庆万州泉活乡村承载着悠久的历史文化，这里有着丰富多彩的民间传统，如民俗节庆、民间艺术等，深受居民们喜爱和传承。乡村还保存着许多历史古迹和文化遗址，代表着过去岁月的历史记忆。人文环境与自然景观相得益彰，形成了独特的乡村文化氛围。

（二）乡村发展现状

1. 经济状况

重庆万州泉活乡村的经济主要以农业为支柱，种植业和畜牧业是当地居民的主要生计来源。近年来，随着城市化的推进，乡村经济逐渐转型，农村旅游业和休闲产业逐渐兴起。乡村资源优势成为吸引游客的重要资本，但也面临着资源过度开发和保护意识薄弱的问题。

2. 基础设施建设

乡村的基础设施建设在近年有了明显的改善，交通、供水、电力等基础设施得到了加强和扩展。但相较于城市地区，仍存在一定差距，特别是在夜间照明方面，还需要进一步提升。

3. 人口流动与老龄化

随着城市发展和生活水平提高，部分年轻人选择离开乡村到城市谋求更好的发展机会，导致乡村人口流失。同时，乡村老龄化现象日益严重，加之子女外出工作，留守老人较多，社会支持体系亟待加强。

（三）夜间照明现状与问题分析

1. 夜间照明现状

目前，重庆万州泉活乡村的夜间照明主要集中在主要道路、村庄广场和重要景点周围。但整体来说，乡村夜间照明相对薄弱，存在以下几个方面的问题：

照明设施滞后：部分乡村地区缺乏现代化的照明设施，主要依赖传统路灯和照明设备，无法满足居民和游客的夜间活动需求。

照明布局不合理：现有照明设施布局不够科学合理，导致照明覆盖不均匀，某些地区照明过强，而其他地方较为昏暗，影响了整体夜间景观效果。

能源浪费问题：部分地区夜间照明设施长时间高功率运行，造成能源浪费，不符合可持续发展的理念。

2. 照明设计问题分析

乡村特色融入不足：夜间照明设计在体现乡村特色方面存在不足，缺乏对乡村文化、历史的深入挖掘，导致照明设计较为单一，缺乏个性化。

安全隐患：部分地区夜间照明不足，存在安全隐患，特别是在道路照明方面，易发生交通事故和人身安全问题。

环境保护意识淡薄：由于乡村地区相对封闭，环保意识相较城市地区较为淡薄，存在随意乱扔垃圾和破坏自然环境现象。

智能化应用不足：缺乏现代智能化技术在照明中的应用，如感应控制、光控调节等，影响了能源利用效率。

综上所述，重庆万州泉活乡村的夜间照明面临一系列问题和挑战，需要有针对性地制定科学合理的乡村夜景照明设计方案，结合乡村特色与文化传承，兼顾环保与能源节约，创造出独具特色的夜间景观，以促进乡村旅游业发展和居民生活品质提升。

二、乡村夜景照明设计原则

乡村夜景照明设计的成功与否，不仅取决于技术与设施的先进性，更需要注重与乡村特色的有机融合，关注环保与可持续发展，同时确保安全与便捷。在设计之初，应明确以下原则，以创造出令人满意的乡村夜景照明效果。

（一）照明设计与乡村特色融合

尊重乡村文化与历史：在照明设计过程中，要深入了解乡村的历史与文化，挖掘乡土特色，将乡村文化元素融入照明设计，以凸显独特的乡村风情。可以运用灯光效果，将乡村的传统建筑、手工艺品、民俗节庆等进行照明展示，使得照明与文化相得益彰，让游客在夜间也能感受到乡村的魅力。

强调个性化设计：不同乡村拥有各自的特点与风景，照明设计应根据具体情况进行个性化定制，避免一刀切的标准化设计。考虑到地域文化的差异，设计师应注重照明方案的差异性，突显乡村的独特魅力，从而形成各具特色的夜景景观。

创造浪漫与温馨氛围：乡村夜晚较为宁静，照明设计可以通过温暖柔和的光线来营造浪漫与温馨的氛围。例如，运用柔和的黄色灯光，打造浪漫的夜晚景观，让游客在夜间漫步时感受到家的温暖与乡村的宁静。

（二）环保节能与可持续发展

优先选择绿色照明方案：在照明设施的选择上，优先选择 LED 等绿色环保的照明技术，LED 灯具具有高效节能、寿命长等优点，能有效降低能源消耗，减少碳排放。对于光污染问题，采用 LED 等技术还可减少向大气、土壤和水体排放的光污染。

合理控制照明亮度：在照明设计中，避免过度照明，合理控制照明亮度是减少能源浪费的有效方法。根据场所需要和使用情况，调整光源亮度，实现在夜间照明满足功能需求的同时，尽量避免灯光过于耀眼造成的不适。

智能化照明系统：借助现代智能化技术，如感应控制、光控调节等，实现照明系统的智能化管理。通过感应控制，灯具能根据环境变化自动调整亮度和开关状态，避免不必要的能源浪费。光控调节可根据日照强度自动调节照明亮度，提高能源利用效率，实现智能化照明控制。

联动设计与能源共享：乡村的景点与居民区域可以进行照明联动设计，根据时间与场景需要，灵活控制照明亮度和色温。此外，可以考虑夜间能源共享，将太阳能、风能等新能源与乡村照明相结合，以实现能源的有效利用。

（三）安全与便捷考量

道路照明规划：在乡村夜景照明设计中，道路照明是至关重要的一环。要根据道路类型和交通情况，合理规划道路照明布局，确保夜间行车安全。特别是在山区和弯道路段，应增加照明设施，避免道路行车事故。

保障居民生活需求：乡村夜间照明设计不仅要考虑游客的需求，更要关注乡村居民的生活需求。在乡村广场、村庄周边等公共区域，应提供足够的照明，为居民提供安全便捷的夜间生活环境。

灾害防范：在照明设计中要充分考虑灾害防范措施，特别是防止火灾等安全风险。选用符合防水、防爆等安全标准的照明设备，并对照明设施进行定期维护检查，确保设施安全可靠。

考虑夜间导览：为了提升游客的体验，乡村夜景照明设计可考虑设置夜间导览设施，如指示牌、导览灯等，方便游客在夜间辨识和游览景点。

总结起来，乡村夜景照明设计的核心在于与乡村特色融合，注重环保与可持续发展，确保安全与便捷。只有充分考虑了乡村的独特性、可持续性和安全性，才能打造出令人满意的乡村夜景照明景观，提升乡村的魅力与竞争力，实现乡村旅游业的可持续发展。同时，这也为乡村的居民提供更好的夜间生活环境，增进了乡村与城市的交流与合作。

三、重庆万州泉活乡村夜景照明设计方案

（一）设计目标与整体构想

1. 设计目标

本照明设计方案旨在通过合理规划与创新设计，将照明与乡村特色融合，注重环保与可持续发展，确保安全与便捷，打造出独具特色的重庆万州泉活乡村夜景景观。通过优雅的灯光照明，展示乡村独特的历史文化、自然风光与人文景观，吸引更多游客和居民夜间游览与休闲，促进乡村旅游业的发展，增加乡村经济收入，提升乡村居民的生活质量。

2. 整体构想

整体构想以强调乡村特色、充分利用绿色环保技术为基础。通过夜间照明展示乡村的传统文化、民俗风情、自然美景，营造出浪漫温馨的氛围。在设计过程中，充分考虑能源节约与智能化应用，利用科技手段提高照明系统的智能化程度，实现节能环保。同时，将照明设计与道路规划、景点划分相结合，确保照明系统的安全与便捷。

（二）区域规划与景点划分

1. 区域规划

将重庆万州泉活乡村划分为不同区域，根据乡村的特点和游客流动情况，分别制定照明规划方案。主要分为以下几个区域：

古村落区：着重展示乡村传统文化和历史古迹，保留古建筑和村落风貌，通过灯光照明展现古村落的历史韵味。

乡村广场区：注重营造浪漫温馨的夜间氛围，利用灯光点缀，打造夜晚闲适休憩场所。

田园风光区：重点突出乡村田园风光的优美与宁静，通过照明设计展示田间劳作和农耕文化，为游客提供特色夜间观景体验。

2. 景点划分

在每个区域内划分主要景点，针对不同景点的特点制定具体的照明设计方案。根据景点的历史背景、自然环境和文化内涵，设计师将选择合适的照明手法和光源，以突出景点的特色。

（三）灯光选用与布置方案

1. 灯光选用

采用LED灯：选择LED灯具作为主要照明光源，LED灯具具有高效节能、寿命长等优点，能有效降低能源消耗，减少碳排放。同时，LED灯具的色温和色彩还原性较好，可以更好地还原乡村景观的真实感。

选择色彩丰富的灯具：根据景点的特色和氛围需求，选择具有色彩丰富的灯具，如RGB灯光，以实现丰富多样的夜景照明效果。

2. 灯光布置方案

古村落区：对于古村落，采用温暖柔和的黄色灯光，点亮古建筑、街巷和广场，通过照明展现悠久历史与文化内涵。

乡村广场区：利用点光源和洒光源相结合的方式，烘托出浪漫温馨的夜晚氛围，同时增加夜间游客的安全感。

田园风光区：在田园风光区，采用低矮均匀的路灯照明，辅以星空投影灯，打造出宁静恬淡的夜景效果，展现出乡村的宁静与美好。

（四）控制系统与智能化应用

1. 控制系统

在乡村夜景照明设计中，采用智能化控制系统，实现对照明设施的集中管理与控制。通过智能化控制系统，可实现定时开关、光感控制和感应控制，根据不同时段和使用需求，自动调整灯光亮度和开关状态，节约能源的同时也方便了管理和维护。

2. 智能感应技术

对于乡村广场和景点区域，可以采用智能感应技术，根据人流密度和天气条件，实现智能调节照明亮度。例如，在人流较少时，自动降低灯光亮度，减少能源消耗；而在人流较多时，自动增加灯光亮度，提供更好的照明效果。

3. 太阳能应用

结合重庆万州泉活乡村的气候条件和光照资源，可以考虑太阳能应用。在道路照明和景点照明中，利用太阳能光伏发电系统，将太阳能转化为电能，供给 LED 照明设施，以实现夜间照明的能源共享与可持续发展。

综上所述，重庆万州泉活乡村夜景照明设计方案将注重照明与乡村特色的融合，关注环保与可持续发展，确保安全与便捷。通过灯光的精心选用与布置，以及智能化控制系统的应用，将打造出独具特色的夜景景观，为游客提供愉悦的夜间观赏体验，促进乡村旅游业的发展，实现乡村经济与社会的可持续发展。同时，这也为重庆万州泉活乡村的居民提供更好的夜间生活环境，提升居民的生活品质和幸福感。

第四节　山区乡村旅游公路景观照明设计

一、乡村旅游认知

乡村旅游最先在西方国家兴起，并且走过了漫长的发展历程，西方学者就乡村旅游的概念进行过大量讨论，但目前并未得出统一的结论，我国学者对乡村旅游概念的研究情况也类似。了解乡村旅游的概念和内涵对理解乡村旅游的未来和走向具有重要的意义。

（一）乡村旅游的界定

1. 乡村旅游的相关概念

有许多概念给人的印象和乡村旅游十分接近，但却是不同的概念，下面就来具体辨析几个和乡村旅游十分接近，容易让人混淆的概念。

（1）乡村。

乡村这个概念在国际上一般称呼为非城市化的地区，乡村这一概念是相对于城市的概念而产生的，因此乡村出现在城市化的发展进程中。随着社会生产力的发展，农业社会和工业社会的区分越来越明显，社会发展到一定的阶段就分割了城市和乡村。乡村相对于城市是一个独立的体系，乡村有着独立的社会形态、经济形式和自然景观，生活在乡村中的居民主要从事农业劳动。乡村是人类社会中的一种普遍的地域形态，但是国内和国外的相关学者对乡村有着不尽相同的定义，我国的学者认为以农业活动为主的小聚落模式的生活区域可以被称为乡村地区。上述定义是从社会学和经济学的角度出发的，更多时候，乡村在我国是一个行政概念，在我国的行政区域划分中，县城这一行政区域下属的广大区域，被分为各种乡村。乡村是人类从农业社会向工业社会发展中出现的，生产力相对于现代工业社会较为低下的区域，乡村的流动人口相对较少，人民比较安土重迁，乡村的经济发展条件也相对落后，这些特点不仅仅是乡村的缺点，从生态角度看，恰恰是乡村的"落后"特质为乡村保留了良好的自然环境，乡村受到现代化发展的破坏和污染较小，因此乡村才有了开展乡村旅游得天独厚的自然条件。

我国与世界其他国家一样，乡村在中国，被赋予了行政村的含义。乡村旅游也由此成了在这片以特有的乡村人居环境、农业生产及其环境为基础所开展起来的旅游活动。

从土地的利用类型来看，乡村是有别于城镇的一种土地利用形式。在乡村，土地的利用以绿化、林业与农业耕作为主，而在城镇地区，大量的土地被用于建筑社会的修建。但是随着城市化进程的推进，乡村受到城市化的影响越来越深刻，城市和乡村的界限也在走向模糊。乡村的划分是一个较为复杂的综合问题，不能仅仅从某一方面划分乡村，要综合考量乡村所具有的各种因素和特征。综合人文地理学和人类生态学的研究经验，可以从以下几个方面来对乡村地域进行判定：

乡村用地类型：对土地利用类型进行分类，通常会划分为 9 大类，分别是耕地、林地、牧草地、园地、水域、城镇及工矿用地、村镇居民点、未利用地和特殊用地。其中七类都属于常见的乡村用地类型，仅城镇及工矿用地和特殊用地不属于这一范畴。如果某个区域的用地类型是耕地、林地、牧草地、园地、水域、村镇居民点、未利用地中的某一种或几种类型同时存在，且有绝对的面积占比优势时，这一区域就被定义为乡村。

乡村生产方式：一般由从事大农业的劳动人口占区域总人口的比重来规定。按照城市地理学的研究经验，若某一区域有超过 80% 的农业从业人口，这一区域就被定义为乡村。

乡村经济来源：若某一区域的经济收入主要是第一产业（即大农业的收入）创收的，这一区域就被定义为乡村。

乡村文化人类对生存环境进行社会生态适应，从而产生了文化。不同的生存环境，自然会孕育出不同的文化，文化的差异性是广大乡村地区能够被区分开来的重要根据，不同的乡村文化具有不同的吸引力。

（2）农业旅游。

农业旅游主要具有以下几个特点：

第一，农业旅游是以农业景观为基础的，即农、林、牧、副、渔等景观都是农业旅游的一个主要资源产品。

第二，农业旅游从本质上来说与其他旅游形式并没有太大区别，除了景观的不同，游客在农业旅游中所进行的活动与其他旅游并没有本质上的区别。

第三，农业旅游重在"游"，游客在旅游中只能够参观、欣赏各种农业景观以及农业生产过程，但是却无法直接地参与到农村生活当中，游客的参与感较低。

农业旅游在旅游过程中游客可以自由地进行观赏活动、游览活动、品尝活动、休闲活动、体验活动、购物活动，农业旅游也常常被称为观光农业、旅游农业、休闲农业，有利于提高农业的经济效益和繁荣农村的经济。

2. 乡村旅游的重要性

不可否认，乡村旅游能在一定程度上推动农村经济的发展，但是我们不能将其视为经济手段，从本质上来说，乡村旅游是为构建乡村理想家园服务的，它应当是建设新农村的一种文化手段，是人类心灵栖息地的天堂。乡村旅游的动力模型指出，乡村文化是发展乡村旅游的原动力，乡村文化要从整体文化意象上区别于城市文化，这就要求组成乡村文化意象的每个元素都要具有乡村文化的内涵和特点，乡村旅游的生命力也来源于此。

乡村旅游的重要性体现在以下方面：

第一，有助于城市对乡村带动。乡村旅游可以促进城乡之间的互动，有利于城乡统筹发展。通过乡村旅游这个途径，来自城市的游客会在潜移默化中把城市的政治、经济、文化、意识等信息带到农村中，农民也在与游客的交流中自然地接收到了现代化的意识观念和生活习俗，农民素质也因此得到提高。

第二，有助于国民经济的增长。乡村旅游现实和潜在的消费需求都非常旺盛，不仅符合城镇居民回归自然的消费心理，而且有利于开阔农民眼界。农村地区是旅游资源富集区，乡村旅游业的发展极大地丰富了旅游产业的供给体系，将成为中国旅游产业的主要支撑。

第三，有助于发扬地区的特色。乡村的优势和特色是乡村独有的景观和不可替代的资源。与此同时，就算是同样的乡村地域景观和资源，当它们出现在不同的区域中时，也会衍生出不同的自然特点和文化传统，发展乡村旅游的客观基础就是这些区域呈现出的相对优势和特色。合理的农村产业结构要在市场结构的基础上形成合理的地域分工，充分发挥各地的优势和特色，从而促进地域经济系统良好运行。产业结构是在将自然条件与社会经济条件，以及市场条件相结合的基础上形成的，讲求因地制宜。各地乡村的农村产业结构是各不相同的，都是根据自身发展条件形成的，这是因为各地在自然环境、资源条件、劳动力状况、基础设施等方面是具有显著差异的。产业化经营基地和丰富的人造景观也是乡村旅游的特色之一。我国中部地区是粮棉油的主要产区，这一地区人口众多，有丰富的耕地资源，加之适宜的气候条件，各种类型的种植业、养殖业都发展得很好，同时这些专业化的农业产区也是丰富的乡村旅游资源，各具特色和优势。

（二）乡村旅游的基本要素

乡村旅游是适应当今社会经济发展的需要和城市居民自发萌生的旅游需求而起步、发展并壮大起来的。如果从旅游业食、住、行、游、购、娱六大要素来概括。

第一，乡村旅游要"吃农家饭"。在节假日或周末双休日到乡村来品尝"土得掉渣儿"的农家菜，换换口味，是很多城里人选择乡村旅游时考虑的首要因素。无论是农民自种自养的时蔬瓜果、家禽牲畜，还是打鱼狩猎而来的江湖海鲜、山珍野味，对吃惯了精细菜肴、厌倦了酒席盛宴的城里人都具有极大的吸引力。餐饮服务是乡村旅游的重要组成部分，也是乡村旅游收入的重要来源之一。

第二，乡村旅游要"住农家屋"。乡村农户的居住条件虽然在硬件设施上不能与城市里的公寓高楼或星级酒店相媲美，但前者却拥有后者无法望其项背的自然环境优势。田园山水、干净卫生、舒适安全的居住环境，能极大缓解都市人终日紧绷的神经，令他们身心放松，压力顿消。农家住宿也是吸引城里人到乡村旅游的重要原因之一。

第三，乡村旅游要"干农家活"。形式多样、丰富多彩的乡村生活，提高了游客的参与性和积极性，通过一系列的互动，不仅让人增长见识、开阔视野，还让人锻炼身体、陶冶性情。乡村农户自力更生、自给自足的生活劳动方式对习惯了"饭来张口，衣来伸手"的城市人也有着不小的吸引力，如田间耕种、果园采摘、钓鱼织网等。

第四，乡村旅游要"享农家乐"。这里面主要包括上面提到的干农家活，即乡村的生产劳动，还有乡村民间世代相传、延续成风的民俗活动，包括祝寿、嫁娶、岁时节庆等，各有鲜明特色，令人印象深刻。对游客最有吸引力的是各种文化艺术传统的"活化石"——文娱表演，如放风筝、划龙舟、唱山歌、赶庙会等。这些文娱表演集表演性、观赏性、游客参与性于一身，种类繁多，生动有趣，让游客在欣赏参与的同时，了解乡土民间千百年来积淀而成的深厚博大的文化传统，意义深远。作为旅游活动的一个最重要的因素——游览与游玩方面的活动安排才是能留住游客进行乡村旅游的根本原因。农家乐就是要提供给游客花样百出不断创新的活动项目，尽量延长游客的逗留时间，真正让他们乐而忘返。田园风光，土菜野味，茅舍村落，都是能让城里游客感到快乐的因素。

第五，乡村旅游要"购农家物"。乡村旅游商品富有民族风情，乡土气息浓郁，具有绿色环保、健康生态和文化底蕴深厚等特点，无论是草鸡蛋、野山菌等绿色食品，还是石雕、木刻、竹制品等民间工艺，以及手工制作的刺绣、编织、印染等，这些对平时只能购买千篇一律流水线生产的工业化产品的城市人来说，都具有强烈的吸引力。旅游购物在旅游产业要素中属于整个旅游旅游活动的延伸。

目前乡村旅游购物处于刚刚起步阶段，前景很好。乡村旅游是一种以营利为目的综合性休闲度假旅游活动方式，产生于传统的观光旅游向休闲旅游过渡的过程中，乡村旅游集餐饮、住宿、游览、参与、体验、娱乐、购物等活动方式于一体，既能放松身心，又能陶冶性情。乡村旅游的基本接待和经营单位是每一个农民家庭，农村的环境资源和农民生活劳动是乡村旅游的特色所在，每一个来到乡村旅游的人都能充分感受乡村自然的生态环境、现代的农业文明、浓郁的民俗风情以及淳朴的乡土文化。

（三）乡村旅游的主要特点

乡村旅游对旅游者的吸引力主要体现在乡村特有的自然景观和极具特色的人文景观上，乡村旅游是以农村地区的美丽风光、自然环境、特色建筑和乡土文化等资源作为依托，不局限于农村休闲观光和农业体验的旅游模式，积极开发会务度假、休闲娱乐等项目而产生的一种新兴旅游方式。相较于其他旅游，乡村旅游展现出的核心竞争力体现在乡村旅游的核心特点上。

1. 益贫性

当前我国扶贫工作已进入啃硬骨头的关键时期，旅游覆盖面广、关联度高、具有"1+2+3"的叠加效应与"1×2×3"的乘数效应，能有效促进农村二、三产业融合，改善农村公共基础设施建设和公共服务；带动当地居民就业，是农村经济增长的新引擎；释放乡村旅游的富民效能有助于缩小城乡差距，加快城乡建设一体化步伐。乡村旅游目的地为广袤的乡村地区，而这也正是我国贫困多发地带。

2. 可持续

乡村旅游具有显著的社会效益、经济效益和生态效益，有利于实现人与自然、社会的和谐相处。乡村旅游"三生（生产、生活、生态）一体"，既能保证农业生产功能，带动经济效益显著提高，因此是一种可持续旅游。尤其是近年来流行的休闲农业，依托于乡村原生资源，对其加以整合性开发利用，延伸农业传统生产功能到观光、休闲、采摘、加工等产业链条，特别是采摘项目，采摘为农户带来的可观、持续而稳定的收入，同时还节省了雇佣人力成本以及农产品运输、存贮、销售成本，成本低、投入少、见效快。

3. 乡土性

现代社会的生活节奏不断地加快，现代都市工作和生活常常带给人们各种压力，乡村成了一个休闲恬静的世外桃源。乡村以其优美的田园自然风物和特色的传统风俗民情，带给人们不同于城市的生活体验。乡村也有着不同城市的生活饮食习惯，能够让那些来自都市的疲惫的游客获得短暂的放松，重新获得轻松与愉悦。返璞归真重返自然是根植在我国民族精神深处的向往，古来就有归园田居的颂歌。乡村以其优美惬意的风光和家常温暖的菜肴吸引着人们的到来，并且给人们一个放松和休息的空间。

乡村性是乡村旅游的根本特性，是乡村有别于城市的地方，也是乡村能够从城市地区吸引游客的主要原因。乡村如果丧失了乡村性，那么它在乡村旅游的发展中也就丧失了竞争力。乡村富有特色的传统生活方式，各种农业劳作器具和农村生产体验等，吸引着城市游客的注意力，带给他们旅游的新奇感和愉悦感。人们来到乡村，可以享受乡村的慢生活，品尝乡村烧烤，坐在星空下看星星，游览在充满田园风情的景物中，深入乡村、了解乡村，并获得乡村旅游的快乐。

4. 费用低

旅游在很多时候都被认为是一项高消费的活动，但是乡村旅游却有别其他旅游，乡村旅游以其低消费的特点吸引着大量的中低收入水平的游客，乡村旅游消费较低的一个原因是，旅游经营者为当地的农民，他们依靠现有的资源服务游客，没有太大的前期资金投入，也没有很高的成本费用需要会后，乡村旅游的开发成本降了下来，乡村旅游的消费水平也就相应地较为低廉。

5. 景观丰富

有比较丰富的传统旅游吸引物的乡村地区，其旅游开发则主要表现为对于土地的利用和市场的开拓。乡村旅游向游客展示的是历经千年积淀并传承至今的生态文明和农耕文明，乡村的一草一木无不具有鲜明的地方特色和民族特色，以及浓厚的乡土气息。乡村的自然风光清新质朴，乡村的风土人情独具魅力，乡村还有风味独特的菜肴、古朴的村落民居、原始的劳作形态、传统的手工制作。这些"古、始、真、土"的景观特质是乡村特有的资源禀赋，吸引着城市居民到乡村开展丰富多元的旅游活动，如风光摄影、古镇怀远、秘境探险等。

6. 时空多样

乡村地区的景物风光在不同的季节表现出不同的形式，而不同地区的也有着不同的乡村风物。因此，多样的时空是乡村旅游资源的一个显著的特征，主要表现为季节的差异和地域的差异。地区的自然气候条件，地形地貌条件等影响着乡村地区人们的生活和法发展，形成不同的风俗习惯，因而不同地区旅游有着显著的差异。尤其是我国，南方地区的乡村和北方地区的乡村，东部地区的乡村和西部地区的乡村皆存在着很大的差异。

季节差异也是影响乡村旅游的重要因素，因为乡村旅游的开展在很大程度上依赖于自然植物和农作物等的情况，依赖乡村地区的气候和环境，这些因素在不同的时间有着不同的表现。因此，随着季节的变化，乡村地区的旅游资源也呈现出不同的面貌。春有春花，夏有绿荫，乡村在一年四季都呈现着不同的形态，乡村景物的四季变化带来了不同的风光，也带来了各种应季的食物和特产，但是乡村旅游常常存在着明显的淡季和旺季，这导致了乡村资源的空置和乡村居民收入的季节不稳定性。

7. 参与和体验

乡村旅游在旅游方式上与城市旅游有很大的区别，城市旅游往往是偏向纯观光的旅游方式，而乡村旅游可以让你拥有参与感。游客来到乡村以后，不仅能够欣赏到美丽的自然田园风光，还能够参与到一些具体的农家活动中，去体验一番劳动的乐趣。在农家乐中，游客可以体验到最原始的制茶工艺，可以亲自参与采茶、炒茶、泡茶的全过程，或是到田地里参与农耕，亲手采摘瓜果蔬菜等；如果是在渔家乐中，游客还可以参与垂钓、划船等活动。来到乡村旅游的人们不再是纯粹来欣赏风景的观光客，而是能亲自走到田间地头去感受最淳朴的乡土风情的参与者，去体验最真实的农家生活。

乡村旅游所具有的体验性特征是许多游客被吸引而来的原因。乡村旅游不仅包括观光游览活动，还包括娱乐、健身等体验性旅游活动，既能让游客观赏到优美的田园风光，又能满足其参与的欲望，使游客在农耕农忙中获得全新的生活体验，乡村旅游内容广博，集观光游览、康养保健、休闲度假、寻根访祖、科普研学、民俗体验于一体，适应了当前旅游消费结构的多元化、个性化需求。

在观光农园中，游客可以参与农业生产的全过程，在果农的指导下，进行施肥、灌溉、除草、剪枝、套袋、采摘等务农体验。也能上山采果挖笋，下海捕鱼捞虾，学习当地传统食物如酿酒、传统工艺（剪纸）的制作技术，以此更好地深入体验乡村农户生活，了解农村真实生活状态，融入当地乡情民意，而不是作为一个纯粹欣赏风景的匆匆过客。

一些节庆赛事也能强化游客的实际旅游体验效果，如河北赵县梨花节、满城草莓采摘节集观光摄影、采摘购物于一体；体育类活动如环衡水湖国际马拉松赛、美食类节庆如青岛国际啤酒节和艺术类活动河北涞水野三坡国际音乐节等旅游景点赛事活动融合了体育、美食、文化、艺术与参与体验等内容，依托当地原生乡土资源举办活动，既能招徕游客，又能带动当地经济增长。

长期生活在城市里的群体是乡村旅游的主要参与者，这个群体中有一部分属于是城市的原住民，乡村生活对他们来说是完全陌生的，从而对乡村产生了好奇和向往，另一部分人原本就来自乡村，但是他们远离熟悉的乡村生活的时间已经太久了，乡村旅游是一个契机，他们试图借此机会去找回那段深埋心底的珍贵回忆。基于这样的背景，游客对乡村旅游的体验性自然会特别在意，因为这段旅程能让他们获得全新或曾经熟悉的生活体验。

8. 城市为依托

乡村只会对城市形成吸引力，由于乡村的自然生活和生产形态，乡村旅游只能以休闲为主，而乡村观光的素材也远远不如自然或人文景观甚至也没有城市建筑景观丰富。乡村较难吸引远距离的游客，所以区域内的人群才是乡村旅游的主要客源。浓厚的乡土气息是乡村旅游的特色之一，所以乡村旅游对原本就生活在农村的人来说，是没有吸引力的。相反，对那些终日被钢筋水泥包围的城市居民来说，他们对高度商业化的都市已经产生了厌倦，巨大的工作压力和浑浊的空气让他们想逃离城市，这些因素叠加在一起，让他们对乡村旅游满怀憧憬和期待。

（四）乡村旅游的功能体现

乡村旅游的功能体现在以下方面：

1. 审美享受

乡村地区的自然风光给人以心旷神怡的感受，具有很高的自然审美价值，田园生活是很多都市中人的梦想，而归园田趣是我国流传久远的传统意趣。乡村有着清新新鲜无污染的空气，有着生态绿色的蔬菜瓜果，有着别样的农村田园生活精致。长期生活在城市中的人们，有着繁忙的生活，居住在缺少田野和天空的地方，呼吸着雾霾和浑浊的空气，当他们来到乡村，会有一种非常愉悦的审美感受，这就是乡村的审美功能。

2. 缓解压力

乡村旅游的一大特色是休闲，乡村生活有着不同于城市生活的慢节奏，人们日出而作，日落而息，沿袭传统的吃穿住行，乡村生活是都市中人释放生活和工作压力的一个方式，旅游者达到乡村后，放下沉重的负担，遗忘生活的烦恼，释放心中的压力与不愉快。乡村旅游是缓解压力的好去处。

3. 教育体验

随着城市化的不断发展，很多的小孩从出生以来就生活在城市中，他们对土地和农作物十分陌生。很多家庭常常带着孩子一起去乡村地区旅游，以便在旅游的过程中，教会孩子关于农业生产和大自然的知识。孩子可以通过参与农业游戏了解关于农业生产的秘密，也可以在品尝乡村菜肴的过程中了解植物和蔬菜，孩子在愉悦的乡村游玩过程中学习到关于自然的知识。

4. 扶贫致富

以乡村旅游的发展带动乡村地区的发展，将城市的资源向乡村地区引流，让城市发展带动乡村发展，从而提高乡村地区的经济水平，提高乡村居民的收入水平，是我国发展乡村旅游的重要意图。随着乡村旅游的开展，大量的流动人口涌向乡村地区，他们有着很大的消费潜力，因此很多资本看到商机也会涌向乡村地区，进而推动乡村地区的发展。乡村地区的产业发展和基础设施建设又为乡村居民提供了大量的就业机会，乡村居民有了实现自身价值的地方，并且获得劳动报酬，这一系列的产业发展改变着乡村地区的经济面貌，提高乡村地区居民的生活水平，从而摆脱贫困，走向富裕。

5. 改变乡貌

造成乡村地区落后面貌的一个重要的因素就是乡村地区居民受教育水平低，思想观念较为落后，但随着乡村旅游的发展，大量城市居民涌入乡村地区，带来了新的思想和观念，冲击着乡村地区的居民，开阔了他们的视野，让他们的思想观念得以更新。乡村的生态环境、社区居民的精神面貌、乡风文明等得以改观。

6. 文化传承

在中国的城市化进程中，比较显著的一个特点就是，城市都是千篇一律的发展模式，但是乡村地区却保留着很多传统的要素，保留着民族古老的生活生产习惯和建筑聚落、民俗节日灯光。可以说，乡村地区是民族文化的一个保留地，因此都市中人可以通过乡村旅游了解到那些被城市湮灭的文化，了解到民族传统久远的古老特色风物。

二、山区乡村旅游公路景观照明设计的实践案例

浮梁县位于江西省东北部，隶属景德镇市，是享有国家茶瓷文化名城美誉的地方。其中，景瑶公路是该县一颗璀璨的明珠，全长约 24.4 公里，实际建设范围达 10 公里。这条公路如同一条玉带，在青山绿水之间飘舞蜿蜒，沿途矗立着多个中国特色乡村和独特的山体景观及生态绿地。景瑶公路在整个地区扮演着极其重要的角色，作为景德镇市区与山区乡村旅游景点的主要通道，它承载着游客和居民的交流与交往。公路蜿蜒曲折，不仅赋予了路段丰富的空间层次感，还为打造生动多变的夜景景观提供了良好的基础。

在夜晚，景瑶公路的夜景景观显得有些散乱，缺乏明确的主线引导。为了打造更具魅力的夜间风景，需要进行规划与设计。设计师们可以从以下三个角度进行探索：第一，规划出一条主线来串联夜景景观。通过合理布局，

将沿途的特色乡村和山体景观有机地连接起来，使得整个夜景呈现出协调而统一的美感。第二，注重突出重点，凸显景点特色。在设计过程中，可以根据不同的景观特点设置照明设施，使其在夜间绽放迷人光彩，从而吸引更多游客的目光和脚步。第三，夜间灯光要合理节能。在追求美的同时，也要考虑到公路夜间照明对环境的影响。采用智能照明系统，结合太阳能等清洁能源，将公路打造成绿色夜景，符合可持续发展的理念。

（一）打造多维度的夜景空间序列

第一，在景瑶公路的规划中，充分利用山、村、水和路相融的空间特征，进行了科学整体性夜景规划。这一规划突出了夜景结构的"图—底"关系，通过控制背景山体的"暗环境"，凸显其在景观照明中的"底"作用。在沿线区域打造了夜景载体，形成了独特的夜景观，突显其"图"地位。为了创新空间景观处理手法，规划团队利用了道路沿线的绿道和山体等景观要素，形成了绿廊景观带和节点村落，从而营造出引人入胜的对景效果。特别是在对区域景观进行打造时，规划着重考虑了第四维度，即特色夜景的营造。通过精心安排空间序列和观景视线，成功打造了"多维度旅游公路景观廊道"。

第二，为了丰富景瑶公路的文化内涵，规划者深度挖掘了当地制陶历史，并提取出丰富的文化元素。这些元素被用来串联整条路线的主题灯光故事，创作出跨越时空的新时代赞歌。主题灯光故事分为四个章节，每个章节都承载着浓厚的历史情感："缘起——制瓷开山，红焰烧天"，讲述了制瓷的起源和发展过程；"大成——赵慨行吟，瓷源兴起"，展示了赵慨等人在制瓷艺术上的卓越贡献；"兴盛——窑火新生，煮茶论道"，描述了制瓷和煮茶文化的繁荣景象；"繁荣——名镇天下，唯瓷能言"，强调了制瓷业在当地繁荣的历史地位。整个主题灯光故事贯穿整个景瑶公路，游人在8分钟的行驶过程中可以完整地体验这个跌宕起伏的故事架构。这样的安排让游人沉浸式地领略夜景长廊的多样风情，感受到璀璨夜景背后蕴含的丰富历史文化。

（二）塑造立体化、高品质的开放空间光环境

景瑶公路沿线特色开放空间的规划十分吸引人，其中包括花镜植物园、海陆空冒险乐园等独具特色的开放空间。这些空间被巧妙地建在山坡上，使得整体景观错落有致，给人以丰富的空间感和层次感，同时也为观赏者提供了多角度的视觉体验。

照明设计在景瑶公路沿线起着至关重要的作用。设计师在考虑照明时综合考虑了空间内的各个景观元素和游人观察模式，确保各构景元素的照度水平、明暗对比和照明手法都得到恰当的安排。特别是突出了重点景观，选取了显著位置、独特造型以及具有重要文化价值的中心景观和标志物进行照明，这样的设计不仅使得这些景观在夜晚绽放迷人光彩，还保持了各景观元素之间的协调，形成连续性和节奏性的视觉变化。

夜间照明还强化了空间层次感，营造了立体化的夜景景观，让整个沿线在夜晚呈现出美观、舒适、整体性强的夜间形象。照明设计的巧妙之处在于它不仅仅是简单地照亮景观，更是将公共空间的品质提升到了一个新的水平。夜晚的景瑶公路成为一个迷人的场所，吸引着人们前来漫步，享受美丽而舒适的环境。

（三）构建个性鲜明、可持续发展的照明区域

景瑶公路作为乡村旅游市场的一部分，其建设现状备受关注。然而，未来的发展需要更多的考虑和规划。因此，沿线各区域应该共同进行总体规划设计，以形成具有整体性、针对性和特色性的夜景体系建设。这一体系应在全面覆盖景观照明的基础上，对核心区域和优质景观进行特色夜景打造。通过运用新型技术手段，如山体界面联动、互动投影等，可以实现独特的特色文化展示，从而吸引更多游客。

建设夜景不仅要关注景观美感，还要考虑区域的个性与可持续发展。因此，应该构建个性鲜明、能够持续发展的照明区域，将沿线的特色文化和资源充分利用。夜景的成功实施将激活沿线的旅游资源，为其他乡村公路建设提供宝贵的参考和借鉴。通过这种方式，景瑶公路不仅可以成为一条重要的交通线路，更能成为一处吸引游客的旅游胜地。这样的发展不仅有助于当地经济，还能促进文化交流与合作，实现全方位的可持续发展。

第五节 "城乡夜景+N"旅游发展新模式

旅游业被认为是促进经济发展、增加就业机会以及提高人民幸福感的有效手段。在中国，政府正在积极加快旅游业的转型升级，不断提升其质量和

效益,并优化旅游发展环境。为了推动旅游经济的可持续发展,进行供给侧结构性改革已成为一项重要举措。中国还着力推动旅游业与城镇化、工业化以及其他产业的融合发展,以实现多方面的共赢。各地区也在积极探索适合自身区域特色的旅游发展模式,不断创新和改进,以提升旅游的吸引力和竞争力。

城市灯光夜景的建设成为中国各大城市发展夜间旅游的新增长点和亮点。中国政府和企业纷纷投入资源,提升城市的夜间美景,吸引更多游客夜晚出游。同时,研究探索"城乡夜景+N"旅游发展新模式也成为一种趋势,通过将城市夜间旅游与其他元素有机结合,如文化、美食、体验等,推动夜间经济的蓬勃发展。

一、国内外城市夜间旅游发展状况

(一)国外的发展

在欧美国家,夜间旅游受到早期的高度重视,积极运用夜景灯光来提升城市夜间形象,从而促进夜游经济和城市旅游业的蓬勃发展。其中,法国政府在夜景灯光的运用上走在了前列。巴黎的夜游塞纳河成为了法国著名的旅游品牌之一。法国政府通过对桥梁进行亮化,丰富了城市的表现形式,为游客们营造了独特而浪漫的夜间旅游体验。而法国里昂则充分利用了其制造灯具的优势和灯光传统,成功发展了城市灯光+产业模式,吸引着来自全球的旅游者。每年,里昂举办盛大的灯光节,吸引了超过300万游客前来观赏,为城市经济注入了巨大的活力和财富。

在美国,特别是在阿拉斯加地区,早在20世纪六七十年代,就已经开始重视和发展城市夜景照明建设。美国对夜间旅游的推崇,进一步促进了该地区的旅游业发展,吸引了大批游客前来探索夜晚的魅力。有趣的是,科学家甚至利用了NASA太空拍摄的城市夜间灯光亮度来判断全球各国的经济发展程度。灯光与各国GDP数据之间存在着关联,因此成为了解经济发展和区域贫富的重要指标之一。这种独特的观测手段为经济学家和政策制定者提供了宝贵的参考,能更好地了解世界各地的经济状况。

(二)国内的发展

在国内,以一线城市为代表越来越重视城市品牌形象,以此来推动发展城市旅游业，而城市夜景灯光是提高城市形象最为快捷的手段。国家大事件发生促使城市形象迫切提升，从 2008 年北京奥运会、2010 年上海世界博览会、2014 年北京 APEC 峰会，到"杭州 G20 峰会、厦门金砖国家领导人会议、上合组织青岛峰会、深圳改革开放 40 周年纪念、第一届上海进博会"、2019 年 10 月武汉军运会，为了配合这些大型活动的举办和国际会议的召开，活动所在城市相继进行了城市规模的夜景建设。受其影响，其他一些城市也开展了类似规模的夜景工程建设。具有世界、国家、地域影响力的大事件频频发生，带来的是巨大的城市变化和城市形象建设浪潮，最突出的莫过于城市夜景灯光对城市夜景形象的改变。它正迅速改变着城市夜间面貌，极大增强了城市夜间旅游的驱动力，带动了城市夜间经济的发展。

2019 年，《北京市关于进一步繁荣夜间经济促进消费增长的措施》推出 13 项措施"点亮夜京城"，如 2019 年春节北京故宫策划的"上元之夜"灯光夜游项目，旨在推动夜间旅游及相关产业的发展。

2019 年，《成都加快建设国际消费城市行动计划》强调，要加强夜景经济的环境营造，在随后发布的"中心城区景观照明专项规划"，对中心城区以及"东进"区域的景观照明进行了分区规划，旨在展示成都特色夜景。

江苏的南京、无锡、苏州和泰州等城市正在蓬勃发展新型旅游模式——"月光游"。这些城市积极采取措施，通过建设夜景灯光来提升城市形象，打造独具本地特色的夜间旅游活动和观光线路。

在多元化的旅游消费和提质挖潜的旅游供给的推动下，城市夜景灯光、夜间旅游和夜游经济蓬勃发展。这不仅使游客在夜晚也能尽兴游览，而且为城市经济带来了新的增长点。政策文件的出台也为这一发展注入了新的活力。这些政策措施吸引了产业、学界和研究界的广泛关注，推动了城市夜景灯光、夜间旅游和夜游经济的吸引力进一步提升。这些城市正以独特魅力吸引更多游客，为他们带来难忘的夜间旅游体验，成为中国夜游经济的亮点之一。

二、常州夜间旅游发展状况及存在的不足

（一）常州夜间旅游发展状况

常州位于华东地区，起初由于先天旅游资源相对匮乏，旅游业发展较为困难。在过去的十多年里，常州取得了令人瞩目的成就，实现了从旅游业无到有、从小到大的历史性嬗变。常州旅游业逐渐在华东地区乃至全国范围内

拥有影响力，多年来旅游总收入一直稳居江苏全省第四的位置。这一成就得益于城市在夜间旅游方面的积极探索。连续举办了环球恐龙城、天目湖旅游区、春秋淹城旅游区和环球动漫嬉戏谷等四大夜公园旅游活动，为常州夜间经济品牌"龙城夜未央"擦亮了名片。

节庆活动的举办也成为吸引游客的重要方式，不仅聚集了人气，还带动了门票经济的发展。"激情之夏"常州文化旅游节暨"龙城夜未央醉美高新夜"夜生活的举办更是为夜间经济增色不少。青果巷历史文化街区的出现填补了常州市历史文化街区和夜游市场的不足，为游客提供了更多深夜体验的机会。常州在旅游发展中也深入实施"文化＋""旅游＋"战略，加大对旅游基础设施的投入，并重点推动了一系列重大文旅项目。这些努力使得常州成功进入中国旅游竞争力百强城市之列。

（二）常州夜间旅游存在的不足

在当下，各城市纷纷推进旅游业发展。常州在这个大背景下，面临着来自周边城市强大的竞争压力，因此构建起一座"旅游明星城市"必将面对巨大挑战。有研究者通过第三人称的角度来探讨旅客对夜间旅游的需求，经过长时间实地调研和分析，发现了常州在夜间旅游方面存在着以下不足之处：

1. 城市夜景建设方面

在常州市，夜经济的发展对于城市旅游、形象提升和居民生活水平改善具有着重要的意义。随着城市不断发展壮大，夜晚已不再是生活的休息时间，而是呈现出独特的魅力。夜经济的推动成为提升城市吸引力和竞争力的重要手段。主要涉及城市照明规划和景观照明轴线的建设，这是常州市夜经济发展的两大关键点。目前常州市的照明工程建设时间较长，原有的照明效果和审美已无法满足城市发展的需求，因此迫切需要整体规划和提升。特别是一些自然之脉和历史之脉的景观照明，由于老化和效果缺失，亟需更新和改进，以保持其独特的魅力和历史文化价值。

近年来，新老运河景观轴的建设虽然取得了一定进展，但在夜景照明方面仍需加强人文体验和科技创新。夜经济不仅仅是简单的照明，而是要通过灯光艺术和科技手段，创造出独特的夜晚风景，为市民和游客带来更丰富的体验。与周边城市相比，常州在夜间灯光指数方面存在差距，夜生活指数呈现下滑趋势。这表明常州的夜经济还有很大的提升空间。城市夜景灯光建设是一个直观反映城市夜间活力和经济发展状况的维度，通过提升城市夜景的美感和品质，常州有潜力在夜经济领域取得更大的发展。

2. 乡村夜间旅游方面

在 2016 年至 2018 年期间，常州启动了乡村旅游发展三年行动计划，该计划依托丰富多样的优质特色资源，如壮美的山林湖泊、竹海茶园、宜人的田园风光、古老的民居古迹、丰富多彩的风俗民情和深厚的乡土文化艺术等，旨在推动当地乡村旅游的蓬勃发展。该计划的首要目标是打造多个乡村旅游集聚区，其中包括溧阳南山、曹山，金坛长荡湖，武进太湖湾和西太湖等大型景区。这些景区将成为游客聚集的热门目的地，为当地经济发展和就业创造了新的机会。

常州还积极推进乡村旅游特色村的建设，涌现出仙姑村、回民村和梅林村等充满魅力的旅游特色村庄。南山温泉小镇、儒林生态湖泊休闲小镇和嘉泽花园生态小镇等旅游特色小镇也在快速发展，吸引了众多游客前来体验独特的乡村文化与生态环境。2018 年，梅林村和李家园两个村庄荣获中国美丽休闲乡村称号，另有 7 个村庄被选为省特色田园乡村建设试点，这些成果表明当地优质的乡村旅游特色村正在逐步形成。仙姑村在实施夜间照明方面取得了显著进展，成功促进了夜间旅游的发展，并获得了良好的旅游品牌效应。然而，其他村庄在夜间旅游方面尚有待进一步发展，这也为未来的乡村旅游发展提供了新的机遇和挑战。

3. 与区域文化的融合方面

常州市政府积极响应国家号召，着力推进夜间文旅经济的发展。启动了"龙城夜未央醉美高新夜"夜生活节，并推出了一系列吸引人的活动。这一举措的主要目标是提振文旅行业信心，促进文旅消费，同时为城市建设打造"文旅休闲明星城"和"龙城夜未央"夜间经济品牌助力。城市夜间形象问题是需要解决的一个重要问题。常州在夜晚的区域特色不够明显，文化载体的夜间形象严重缺失。需要采取措施来提升城市在夜间的魅力。

历史文化旅游街区也面临着开发问题。尤其是常州老城厢地区，已经失去了昔日的活力，亟需进行改造和提升，以吸引更多的游客和市民。"前后北岸"文化动力也出现了消沉的情况，亟需进行夜间形象改造，以焕发出更多的活力和吸引力。新建的青果巷文化旅游街区也存在一些问题。夜间旅游形式单一，缺乏融合方式，而且与其他片区缺乏有效的链接。需要在这一片区丰富夜间活动和文化展现，以打造更加吸引人的夜间旅游目的地。

为了推动夜间经济的发展，常州市还需要增加夜间催化剂。这包括增加夜间表演、演艺节目和互动活动，同时创新文化展现形式，以满足旅游消费者和市民的需求。通过这些方式，可以吸引更多的游客和市民参与夜间文化活动，进而推动文旅经济的繁荣发展。

4. 与其他产业的融合

常州位于大运河苏南段沿岸，是重要的城市之一。近现代工业在这里相对发达，留下了纺织、化工、机械加工等多种行业的工业遗产。这些现存的遗址保存完好，其中一部分成为了常州潜在的工业遗产旅游资源，具有丰富的历史、文化、艺术和经济价值。常州市运河带的工业遗产旅游保护与发展却缺乏市场活力。大多数工业遗产仅仅以单纯的博物馆旅游或废弃厂房、机器设备参观的方式开发，未能充分挖掘运河文化和创新组织游览形式。缺乏全时段旅游的深化设计，而且工业建筑遗产在夜间形象设计上也存在不足。

常州的夜间旅游业与其他产业融合不足，缺乏政策支持和上层设计，导致夜间经济发展缺乏动力。南大街的双桂芳旅游购物街区日益没落，夜间形象不够突出，人流逐渐减少，缺乏创新的旅游业态，同时也缺乏总体规划。而江苏省新型示范小城镇——邹区镇的"中国灯具城"作为灯具集散基地，其产品购物游缺乏呼应，街区缺乏有效整合，夜间形象严重缺乏，需要进一步挖掘夜间旅游的潜力。常州市运河带的工业遗产旅游需要注入更多市场活力。可在开发工业遗产旅游资源时，加强运河文化的体现，设计更具吸引力和创意的游览形式，丰富游客的体验。同时，也应注重全时段旅游设计，将夜间旅游纳入整体规划，提升工业建筑遗产在夜晚的形象。

三、"城乡夜景 +N"旅游发展新模式的构建

常州存在夜间旅游问题，需要解决，提升城市与乡村夜景灯光建设是关键手段。采用"城乡夜景 +N"双向融合模式是推动全域旅游发展的有效方法。发展城乡夜间旅游作为特色，可激活夜间经济。培育旅游业发展，转变城市经济方式是重要动力。"新的城乡夜景 +N"旅游模式将为城市创造经济价值，推动城市进步。这些举措将使常州夜间旅游更具吸引力，为城市带来繁荣发展。

（一）完善城市夜景脉络，提升夜间旅游环境

《十三五城市绿色照明规划纲要》和《常州市城市照明专项规划》为常

州城市夜景改造提供了明确指导，旨在提升城市夜间形象。规划重点关注改造老城厢、大运河文化带核心区和环城高架，打造夜间景观照明轴线，以增强中心城区的吸引力和承载力，从而提升整体城市形象。规划还规划了城市与乡村夜间旅游路线，有助于推动城市旅游业的发展，提高市民的幸福感和生活质量。通过开发夜间旅游资源，常州有望成为宜居、宜游的城市，吸引更多游客和居民。这些规划为常州成为五大明星城市提供了有力支撑，为城市可持续发展和经济繁荣带来积极影响。通过绿色照明和夜间景观改造，常州将焕发出新的魅力，成为更加吸引人的城市，为未来的发展铺平道路。

（二）+N 发展模式，完善全域旅游

在提升城市夜景建设的道路上，常州应牢记围绕国家历史文化名城建设，加强文化旅游元素的融合，努力打造常州文化旅游地标，积极推进"夜游＋文化"发展模式。紧密结合国家全域旅游示范区的创建，积极推动"旅游+N"与"N+旅游"的双向融合，促进各类资源与夜间旅游业的有机对接。为进一步丰富夜间旅游内容，常州还应推进"夜游＋生态"项目，打造迷人的"日美夜魅"乡村旅游集聚区和旅游风情小镇。将"夜游＋工业"理念落实，打造独具魅力的"工业旅游集聚区"，将工业遗产与夜间旅游相融合，展现独特的工业之美。着眼未来发展，常州要积极培育新业态，加速发展体育旅游、工业旅游、研学旅游、康养旅游、非遗旅游等，同时推动旅游大数据平台的建设，促进智慧旅游的蓬勃发展。在运用夜景建设展现城市魅力时，常州要构建"夜景＋N"的发展模式，充分利用夜间资源，展示常州独特的历史文化和山水特色，为游客带来全新的夜间体验。

1. + 乡村夜游

在推进全域旅游发展理念的进程中，常州市积极探索并实施一系列关键举措，旨在构建适宜的空间尺度，使城市与乡村融为一个全域旅游目的地。常州将城市、古镇和乡村纳入同一行政区划，创造了一个全景化、全覆盖的旅游景区。这种行政整合为旅游资源的优化配置和空间的有序布局提供了便利，同时也促进了旅游产品的丰富多样和产业的蓬勃发展，构建了一个系统性的旅游体系。在实现全域旅游目标的过程中，常州市广泛动员全社会参与，鼓励全民参与旅游业。通过这一措施，成功消除了城乡二元结构，实现了城乡一体化的发展格局，同时也推动了产业建设和经济水平的提升。全社会参与的共担责任态度，为旅游业的可持续发展奠定了坚实基础。

特别是在规划发展乡村旅游方面，常州市着眼于夜间环境的打造。积极推进重点项目建设、旅游风情小镇建设和乡村旅游品牌建设，以深入探索乡村与城市夜间旅游的关系。为了增加乡村旅游的夜间吸引力，常州市采取了多种创新措施。例如开发特色体验活动、打造特色夜市、开展文化演艺、打造特色夜景等，以营造休闲、文化、体验氛围，吸引游客，延长游客的滞留时间。这不仅有助于提高当地居民的收入，更有助于完善乡村旅游产业链，为乡村旅游的可持续发展注入了新的活力。作为全域旅游目的地，乡村必须统一规划旅游相关要素配置，以满足游客的体验需求，成为一个综合性旅游目的地。

2. + 文化体验

在对游客的夜游体验需求调查中，主要发现文化节事活动和文化场所参观等活动占据着重要的位置，成为游客夜间旅游的热门选择。夜间表演、夜晚活动和深度文化体验也逐渐融入夜游的主要组成部分。

对多元夜游场景消费的研究发现，深度文化体验在夜间旅游中扮演着重要角色。此刻，书店、古镇、博物馆、剧院和特色街区等地成为夜间消费市场的文化亮点，吸引着游客纷纷前往。这些文化场所以及夜晚的文化节事活动，让夜游的热度持续攀升。

3. + 美食品味

在夜幕降临，旅游者们怀着满满的期待，除了欣赏绚丽的夜景和感受浓厚的文化氛围，对于美食夜市的向往程度也逐渐攀升，占据了整体需求的23% ~ 28%。为了满足这一需求，常州城积极展开行动。市内策划了"唱响常州菜"和"常州十大美味"等活动，意图扩大其影响力。为了加速提升主城区的餐饮业水平，常州紧锣密鼓地制定实施了为期三年的行动计划。重塑南大街、双桂坊等经典旅游餐饮街区成为其中一项重要措施。各城市组团中的重要节点将被规划为夜美食街区，成为夜间旅游的亮点之一。为了让游客更好地享受夜晚美食，常州鼓励餐馆延长营业时间，并实施交通管制，划定固定的停车点位供游客使用。

4. + 设施保障

完善夜间的休闲基础设施，营造有温度、有特色的人文环境，是人们对美好生活的迫切需求，是城市建设的基础，是发展夜间旅游的重要保障。

四、"城乡夜景 +N" 旅游发展的策略建议

（一）强化政策，深化全域旅游理念

在常州市旅游部门的努力下，为了促进夜间旅游和夜间经济的发展，一系列关键措施得到了提炼和完善。迅速制定了《常州市全域旅游规划》，深入探讨了全域旅游理念。这一规划涵盖了全市各个地区的旅游资源，将旅游发展与城市发展相结合，为夜间旅游的全面发展奠定了基础。为了提供更好的夜间旅游体验，着力完善夜间休闲基础设施，并改进夜间旅游交通规划。这将使游客能够更方便地在夜间游览各个景点，享受到更多的夜间娱乐活动。整合了区域内的资源载体，建立了夜间旅游 App 客户端。这个客户端为游客提供了便捷的信息查询和行程安排，用户可以根据自己的需求选择夜间游览景点，而系统也会生成多种游线和活动推荐，提供个性化夜间导览。

在丰富旅游产品体系方面，积极推进了孟河小黄山旅游度假区、茅山国际养生城、龙泉山郊野公园等项目的建设。这些项目的发展将为游客提供更多选择，丰富了夜间旅游的内容和体验。推出了一系列区域性精品线路，如"激情之夏—夜公园""京杭运河—夜景游""美食温泉—休闲游"等。这些线路将满足不同游客的需求，为他们带来更多新的旅游体验。为了将全域旅游理念应用于夜间旅游，深化了全域旅游—全时段理念。这意味着无论是白天还是夜晚，都将有更多的旅游活动和体验等待着游客，使得夜间旅游成为常州市吸引力的重要组成部分。

（二）提升城市夜景形象，推进"老城厢"复兴

在这座充满历史韵味的城市中，为了提升夜间照明效果，常州市政府进行了一系列重要的规划和举措。展开了城市载体现状调研，详细调查了城市现有的夜景灯光设施和照明状况。通过这项调研，了解了城市的亮点和薄弱环节，为接下来的改进工作奠定了基础。常州市政府对城市的构架进行了梳理和规划，明确了重点提升的区域。这样的整理工作有助于更加有针对性地进行夜景灯光提升工程。在推进大运河文化带常州段总体规划照明方案方面，常州市政府加大了力度。特别关注怀德桥至东坡公园这一段，重点改造运河两岸的夜景形象，突出核心区域，以展现出大运河文化的独特魅力。

历史文化街区的改造也是常州市政府关注的重点之一。南市河历史文化街区进行了"微改造"和照明升级，让游客在夜晚也能感受到这里的历史文

化底蕴。青果巷历史文化街区的夜游模式也得到了深化，丰富的夜游模式为游客提供了更加多样化的体验，增加了游客对常州的留恋之情。为了进一步打造常州的城市名片，常州市政府制定了一系列目标，包括营造具有历史韵味的"城市客厅"，突显常州城市的独特特色。通过这些举措，吸引更多游客前来探访，感受常州的独特魅力。为了确保复兴工作顺利推进，常州市政府也出台了相应的政策支持。编制了三年行动计划纲要，研究并提供了财政、土地、项目、人力资源等方面的支持。

（三）深入挖掘城市文旅资源，打造"龙城夜未央"旅游品牌

在 2020 年至 2022 年的三年行动计划中，常州市坚持文商旅融合发展，充分挖掘历史文化遗产和民俗风貌，实施文物保护、文化传承、旅游开发等工作，旨在展现常州的历史积淀和人文韵味。为了积极顺应全域旅游、全民旅游、全时旅游发展新趋势，常州市决定打造"夜经济"与"老城厢"两大特色。市政府着力培育夜游产品，包括推出"夜市、夜食、夜展、夜秀、夜节、夜宿"等丰富多彩的夜间活动，旨在吸引更多游客。同时，市政府还采取了创新措施，例如推出"后备箱集市"等形式，为夜间消费带来新的体验。

本土化发展成为常州市文旅休闲明星城建设的重要战略。市政府注重顶层设计，依托老城厢历史人文和商贸底蕴，以运河文化为核心，水陆空间为形式，因地制宜、因势利导，力求让文旅发展与本地特色相融合。为了增强主客参与性，市政府积极发展群众性、主题性活动，让更多的市民和游客能够亲身参与其中。在发展道路方面，常州市选择了小而精的差异化、品质化、内涵式发展。市政府鼓励使用现代表达方式，力求打造常州自己的"百老汇"，吸引更多的文化艺术项目进驻。为了提升夜间文化艺术项目的吸引力，市政府规划建设运河"夜地标""夜商圈""夜生活圈"夜间消费集聚区，同时引进培育沉浸式话剧、音乐剧、歌舞剧等夜间文化艺术项目，丰富夜间活动的内涵。常州市还在常州文化美食街区融入了常州曲艺，使游客在品尝地道美食的同时，能够欣赏民间曲艺表演，为夜间旅游增添更多乐趣。

（四）强化产业协同，丰富游客综合体验

在城市夜晚的各个角落，夜间消费场景愈发多元化，注入了新的活力。游客们渴望在夜晚体验更多丰富多彩的活动和服务，这导致夜游产品的需求不断增加。为了进一步推动夜间消费的发展，必须加强夜间消费环境的改善。

景区夜间开放的数量和时间需要增加，同时提供公共 Wi-Fi 和 5G 通信设施，以便游客们能够畅享便捷的网络连接，更好地体验夜间的魅力。

为了满足游客对夜间消费的不断增长的需求，必须不断丰富夜间消费的供给。有必要组织开展各类夜间主题活动，从音乐演出、文化展览到美食节，让消费者在夜晚也能找到令人期待的消费体验。除了夜间消费的丰富，旅游业还应当与移动互联网、云计算、大数据、物联网等技术结合，以提高全域旅游服务的质量。通过技术手段，可以更好地满足游客的需求，提供个性化、便捷的服务，从而提升游客的满意度和忠诚度。

探索创造独具特色的旅游小镇，将地方独特的产业资源发掘出来，打造出独特魅力。将照明产业与旅游巧妙地融合，举办照明博览会和夜景观光游等活动，吸引更多游客前来探访。这样的举措不仅能提升小镇的吸引力和影响力，还能促进当地经济的发展，实现可持续的旅游业态。

参考文献

[1] 鲍亚飞，熊杰，赵学凯．室内照明设计 [M]．镇江：江苏大学出版社，2018.

[2] 陈佳佳．民用家具内部照明设计初探 [J]．居舍，2022（20）：13-16.

[3] 陈曦．浅析互动灯光装置在景区特色开发中的应用 [J]．鞋类工艺与设计，2023，3（1）：173-176.

[4] 谌扬．室内照明设计 [M]．哈尔滨：哈尔滨工程大学出版社，2019.

[5] 代伟．室外照明设计策略分析 [J]．光源与照明，2023（5）：37-39.

[6] 杜军．我国城市照明设计的理念及发展趋势分析 [J]．高科技与产业化，2010（8）：30+29.

[7] 冯义军．旅游溶洞景观灯光创意设计实例 [J]．硅谷，2011（1）：71-72.

[8] 冯艺．浅析区域经济发展中"文创灯光与夜游经济"的重要作用 [J]．财经界，2019（13）：102-103.

[9] 傅毅，王世旭．灯光照明设计在现代餐饮空间氛围中的研究 [J]．家具与室内装饰，2021（5）：111-113.

[10] 高邑．光与照明设计的形式语言 [J]．大众文艺，2018（3）：135-136.

[11] 何青云，曹晋．乡村景观绿色照明设计原则探析 [J]．中国包装，2023，43（3）：93-96.

[12] 姜兆宁，刘达平．照明设计与应用 [M]．南京：江苏凤凰科学技术出版社，2020.

[13] 孔德敏，徐晴，陈洋．常州市"城乡夜景 +N"旅游发展新模式 [J]．照明工程学报，2021，32（1）：140-147.

[14] 李鹏飞．住宅空间的照明设计研究 [J]．工业设计，2021（4）：107-

108.

[15] 李荣 . 山区乡村旅游公路景观照明设计探索——以景瑶公路夜景照明建设为例 [J]. 光源与照明，2022（S1）：24-25.

[16] 李荣芳，曹景玉 . 低碳照明设计的实现途径研究 [J]. 光源与照明，2022（4）：38-40.

[17] 李志龙 . 现代博物馆照明设计问题及优化策略研究 [J]. 光源与照明，2022（S1）：48-50.

[18] 林家阳 . 展示照明设计 [M]. 北京：中国轻工业出版社，2014.

[19] 刘景华 . 解析灯光设计在园林景观中的应用 [J]. 江西建材，2022（8）：321-322+324.

[20] 刘玉妍，龙国跃，但婷，等 . 灯光照明在家居空间中的应用 [J]. 灯与照明，2021，45（2）：31-34.

[21] 马丽 . 环境照明设计 [M]. 上海：上海人民美术出版社，2013.

[22] 马丽 . 环境照明设计 [M]. 上海：上海人民美术出版社，2016.

[23] 钱宗明 . 数字创意及技术在文旅照明中的应用探讨 [J]. 光源与照明，2021（S1）：51-53.

[24] 沈婷婷 . 纪念馆艺术场景中情景照明的表达方式 [J]. 灯与照明，2022，46（4）：48-50+58.

[25] 孙晓冬 . 照明设计在室内设计中的研究与应用 [J]. 未来城市设计与运营，2022（5）：61-63.

[26] 孙袁帅 . 城市照明设计发展分析 [J]. 光源与照明，2022（5）：15-17.

[27] 孙振强 . 浅析灯光在现代室内设计中的应用 [J]. 房地产世界，2021（21）：27-29.

[28] 唐静 . 室内照明设计原则及其艺术价值 [J]. 百科知识，2023（6）：61-62.

[29] 滕云飞 . 浅谈室内灯光设计的重要性 [J]. 艺术科技，2019，32（4）：211.

[30] 王静，龚鑫 . 乡村公共设施照明设计的研究 [J]. 光源与照明，2022（1）：52-54.

[31] 王亚宁 . 室内灯光设计研究 [J]. 光源与照明，2022（6）：23-25.

[32] 辛云涛 . 区域经济发展中"文创灯光与夜游经济"的重要作用 [J]. 科技资讯，2022，20（18）：158-160.

[33] 徐慧丽，黄利元，罗冠林.商业空间照明设计研究 [J].光源与照明，2021（3）：18-19.

[34] 燕群，魏舒梅.室内设计的采光艺术研究 [J].中国文艺家，2021（4）：56-57.

[35] 杨华，王一冰.戏剧灯光在桂林溶洞独特空间语言中的应用研究 [J].艺术与设计（理论），2020，2（5）：56-58.

[36] 杨紫微.城市景观照明设计中在地性刍议 [J].美与时代（城市版），2021（10）：42-44.

[37] 叶雨馨.增强场所意识的乡村照明设计研究 [J].灯与照明，2022，46（2）：50-52.

[38] 游越，赵涛.灯光——博物馆展览陈列的渲染巨匠 [J].大众标准化，2021（21）：41-43.

[39] 张琳，朱文霜.戏剧灯光在桂林溶洞的运用研究 [J].戏剧之家，2018（34）：105-106.

[40] 张胜云.城市道路照明的节能措施 [J].光源与照明，2022（1）：18-19.

[41] 赵沫纯.公园仿古建筑照明设计常见问题探讨 [J].光源与照明，2023（1）：10-11.

[42] 赵昕炜.照明艺术在餐饮空间中的应用探析 [J].美与时代（城市版），2023（2）：16-18.

[43] 周卫.灯光照明在城市建筑夜景环境中的应用 [J].美与时代（城市版），2021（12）：26-27.

[44] 邹小燕.当代室内灯光设计的发展因素研究 [J].建材与装饰，2020（14）：140-141.

[45] 邹专仁.家居照明设计策略 [J].光源与照明，2020（11）：4-6.